JN220499

増補改訂版

眠れなくなる宇宙のはなし

宇宙物理学者
佐藤勝彦

宝島社

増補改訂版

眠れなくなる宇宙のはなし

イラストレーション　長崎訓子
執筆協力　中村俊宏
ブックデザイン　鈴木成一デザイン室
編集　向笠公威

目次

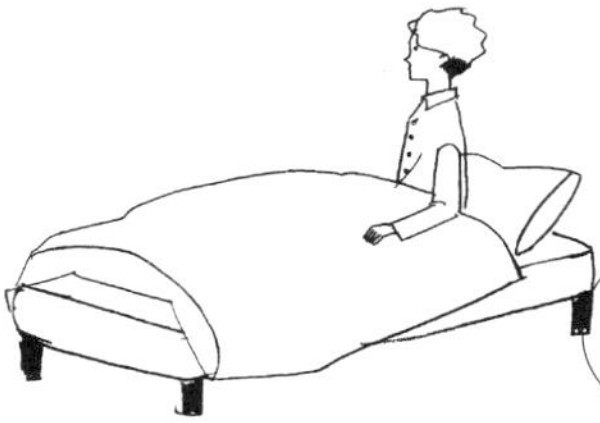

第一夜

第二夜

神の手による宇宙の創造――34

第三夜

合理的な宇宙観の誕生――60

第四夜

第五夜

広大な銀河宇宙の世界へ 146

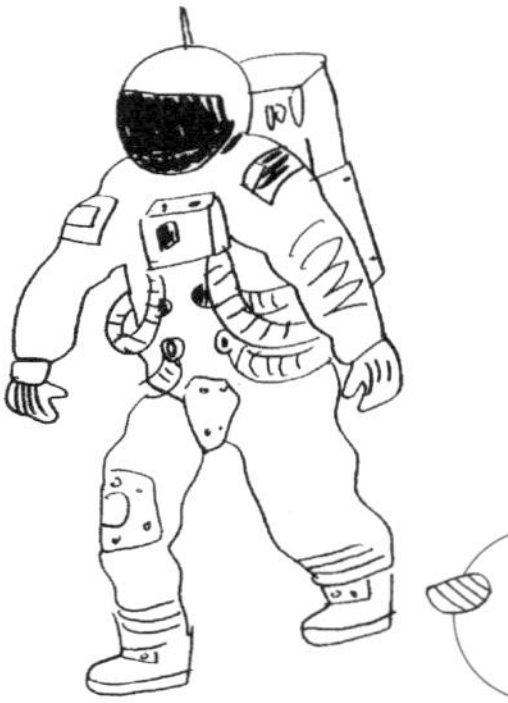

第六夜

ビッグバン宇宙論の登場——180

第七夜

新たな謎と革命的宇宙モデル——218

特別夜

宇宙が生まれた音を聴く～重力波のはなし～ 261

はじめに（増補改訂版の出版に際して）

私は以前、インドの研究所の顧問をしていたこともあって、しばしばインドを訪問していました。ある時、古代の遺跡を見学する機会があったのですが、ガイドの方から「ヒンドゥー教では、宇宙の創生はブラフマー神、維持発展はヴィシュヌ神、そして宇宙を破壊して終わらせるのはシヴァ神の役割である」と教えてもらいました。そしてブラフマーは小さな太鼓をたたいて、宇宙を創生したのだそうです。

ブラフマーは四つの顔と四本の腕を持つ神であり、のちに仏教に取り入れられた際には梵天《ぼんてん》になりました。また時代が下ると、ブラフマー、ヴィシュヌ、シヴァは「三神一体」、すなわち同一の神が別々の姿として現れたものとされました。そうした姿を描いた絵や像（シヴァ神の姿が代表して描かれることが多いようです）では、確かに小太鼓を持っています。

この話を聞いた時、宇宙の始まりについて研究している者として、私はブラフマーがどんな響きを奏でて宇宙を創生したのか聴いてみたいと、強く思ったものです。とはいえ、正直その時、この願いがかなえられるとは夢にも思いませんでした。

ですが、その願いがいま実現しようとしてしているのです。

二〇一六年二月、全米科学財団と国際研究チームが、重力波《じゅうりょくは》を直接観測することに成功したと発表しました。重力波とは、真空の宇宙を伝わる「音」のようなものです。今回観測されたのは、二つのブラックホールが合体した時に生まれた重力波でした。一方、宇宙には、宇宙が生まれた時に作られた重力波（原始重力波といいます）が今も伝わっていると考えられています。これは宇宙が生まれた音であり、ブラフマーの太鼓の響きです。

私たちはまだ、原始重力波の観測には成功していません。でもきっと、今世紀中には原始重力波をとらえて、宇宙創生の響きを耳にすることでしょう。

＊＊＊

本書では、古代から現代まで、人間が宇宙をどのように見てきたのか、宇宙をどう理解してきたのかという「宇宙観」の歴史をたどっていきます。その過程で、私たちが獲得してきた宇宙に関するさまざまな知見を紹介します。天動説から地動説への大転換、一〇〇〇億の銀河が散らばる広大な宇宙の姿、今から一三八億年前にミクロの卵として生まれて以来ずっと膨張を続けてきたという宇宙の歴史、さらには「我々の宇宙は一〇次元空間の中を漂う薄膜のような存在かもしれない」というブレーン宇宙仮説、そして最新の話題である重力波の直接観測などについて紹介しています。物理学と宇宙の観測技術の驚異的な進歩が明らかにしてきた、宇宙の真の姿を皆さんに知っていただき、驚き、楽しんでいただきたいと思います。

また、さらに一歩進んで、宇宙について考えることを通して「宇宙に生きる私たち人間の存在」に思いを寄せていただけたら、というのが私の願いです。ブラフマーが太鼓をたたいて宇宙を創生したと考えていた昔の人も、宇宙の姿を科学的に解き明かした現代の私たちも、間違いなく宇宙と密接に結びついています。宇宙について知ることは、じつは宇宙の中に生きる人間を知り、「私」自身を知ることなのです。本書の中でお話しする、人間の宇宙観の歴史をたどっていけば、そのことをきっとご理解いただけると思います。

そして、宇宙の謎は、まだすべて解き明かされたわけではありません。宇宙について知れば知るほど、新たな謎も生まれてくるのです。私たちの宇宙観は、これからもどんどん改訂されていき、それにともなって私たちの人間観も変わっていくことでしょう。そんなわくわくする、まさに眠れなくなるような宇宙のはなしに耳を傾けていただき、皆さんも宇宙と人間のことを想っていただければと願っています。

佐藤勝彦

第一夜

ひとはなぜ宇宙を想うのか

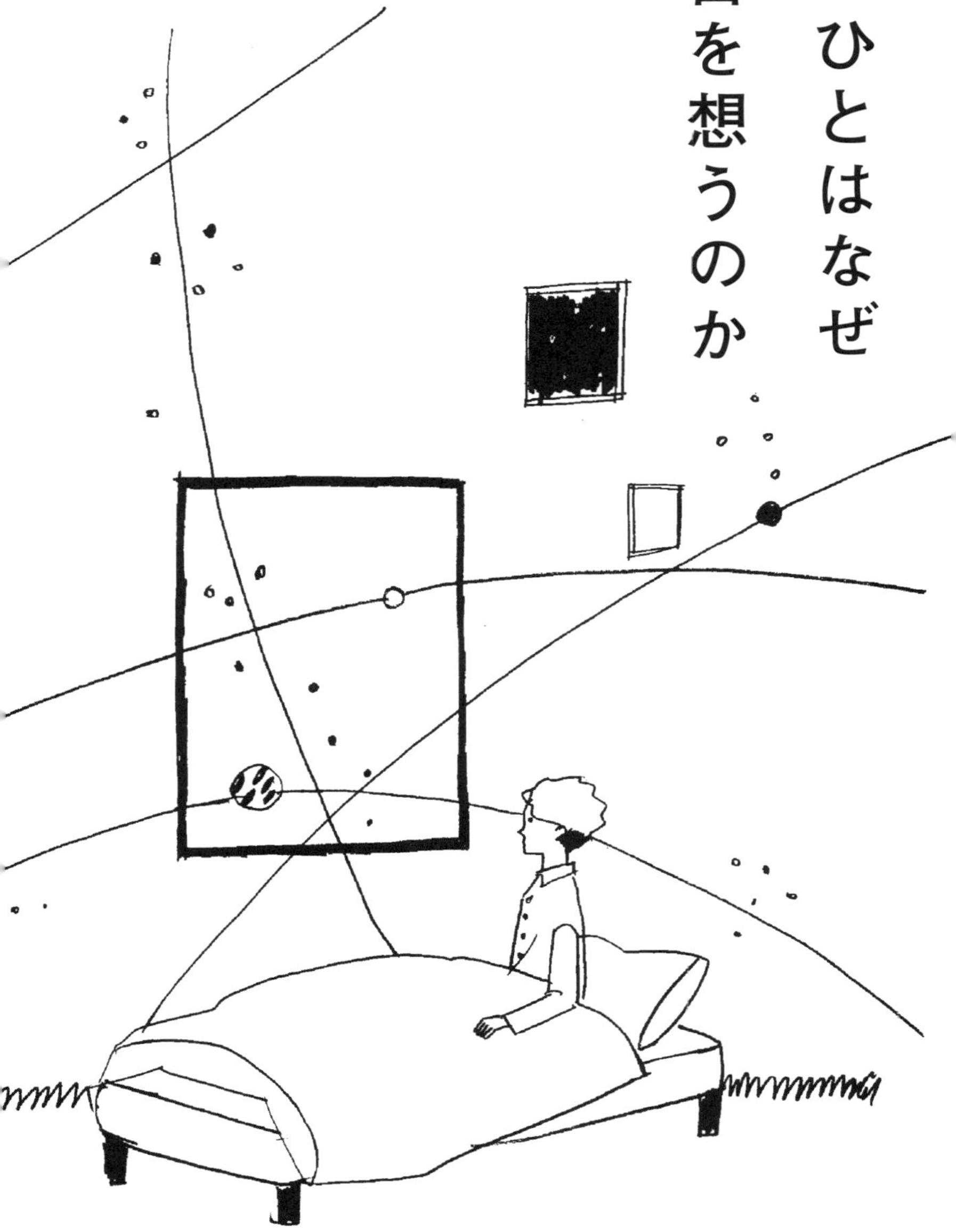

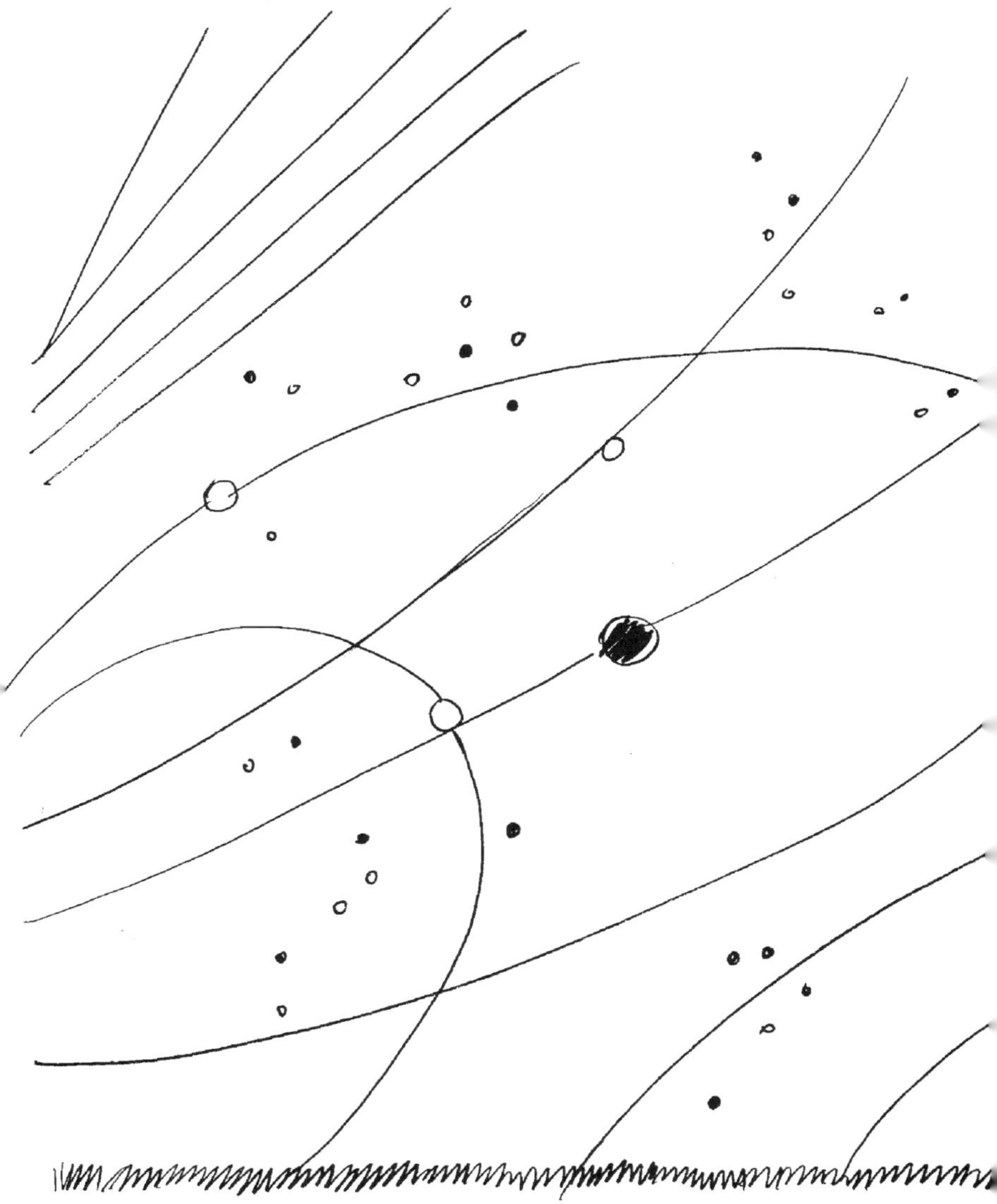

宇宙の存在に気づく夜

誰にでも、眠れない夜ってありますよね。

そんな夜には、宇宙のことを考えてみるのもいいかもしれません。

そもそも、もし夜というものがなかったら、私たちは「宇宙」という存在に気づかなかったのではないでしょうか。なぜなら、昼間に空を見上げても、太陽が眩《まぶ》しく輝くばかりで他の星の姿は見えないからです。また、青空の果ては遠いようにも、でも意外に近いようにも思えますよね。ですから、明るい昼の空を見て、何億・何兆もの星や銀河が散らばる広大な宇宙の姿を思い描くのは、まずもって不可能なのです。

アメリカのSF作家アシモフが書いたSF小説『夜来たる』をご存じでしょうか。一九四一年に発表された、文庫本で六〇ページほどの短編ですが、SF史上に名高い古典的傑作として知られています。

舞台は六つの太陽に囲まれた惑星ラガッシュです。六つの太陽のうちの少なくとも一つが必ず上空で輝いているラガッシュは、常夏ならぬ「常昼」の星であり、夜というものが存在しません。そのために天文学がほとんど発達せず、ひとびとはラガッシュと六つの太陽が宇宙にある天体のすべてだと信じて、独自の文明を築いていました。

でも、二〇〇〇年に一度、日食による「夜」が訪れた時、悲劇は起こりました。無数の星々の出現に天文学者たちは驚愕《きょうがく》し、自分たちのちっぽけな世界観が崩壊したことに絶望します。民衆は初めて体験する真の暗闇に恐れおののき、光を求めて街に火を放ちます。こうして惑星ラガッシュの文明は一夜のうちに崩壊した――これが小説のあらすじです。

「二〇〇〇年に一度だけ訪れる夜」というその設定だけで、思わず引きこまれてしまいますよね。SFファンによる人気投票でも常に上位に入る作品だというのもうなずけます。ちなみにラガッシュの文明は一晩で滅びましたが、当時二十一歳の無名作家だったアシモフは、この作品で一夜にして人気作家の仲間入りをしたそうです。

私たちの地球では、幸いにして昼と夜が交互に訪れるので、人間は広大な宇宙の存在に最初から気づいていました。そんな私たちからすると「われわれは何も知らなかった！」と泣き叫ぶラガッシュの天文学者や、闇を恐れて街に火をつけるラガッシュの民衆の姿は、哀れさを通り越して滑稽《こっけい》にも見えますよね。

でも、私たちはラガッシュの人たちを笑えないかもしれません。なぜならあなたも私も、広大な宇宙の本当の姿の、ごくごく一部しか知らないのですから。

我々はどこから来たのか、我々は何者か

私たち人間は、はるか昔から宇宙に関心を抱き続けてきました。古代のひとびとは、太陽や月、惑星の運行の様子、あるいは日食や月食といった天文現象を観測し、その法則性を解き明かそうとしました。また、宇宙がどこまで広がっていてどんな構造をしているのか、宇宙がいつどのように作られたのかを、あれこれと想像してきたのです。

なぜひとは、宇宙について知りたいと思うのでしょうか。

理由はいろいろと考えられますが、大きく二つの理由が挙げられると思います。第一の理由は、ひとは「自分を取り巻く世界のことを知りたい」という強い思いを持っていることです。それは、好奇心からでもありますが、同時に「周囲の世界とのつながりを通して、自分が何者なのかを知りたい」という根源的な思いにもつながっているはずです。

アメリカのボストン美術館のヨーロッパ絵画ギャラリーに、一枚の大作が展示されています。フランスの画家ゴーギャンの『我々はどこから来たのか　我々は何者か　我々はどこへ行くのか』です。誕生、成長、老い、そして死という人間の一生が、青を基調とした横長の画面の右から左へと描かれています。二〇〇九年、名古屋と東京の美術館で開催さ

れた「ゴーギャン展」で待望の日本初公開がおこなわれ、私も見に行きました。

「私は、なぜ生まれてきたのだろう。そして死んだら、どこへ行くのだろう」

「私って、結局、どんな存在なのだろう」

こんなとりとめのないことを、でも人間にとって「究極の問い」といえることを、誰でも一度は思ったことがありますよね。特に、自分に自信がなくなったり、自分の存在する理由がわからなくなったように感じた時に、こんな思いを抱くものです。ゴーギャンも、母国フランスで画家として認められず、第二の故郷タヒチで貧困と病気に苦しんでいるさなかに、いわば自分の遺言として、この作品を描いたそうです。

自分がわからなくなった時、ひとはどうするのでしょう。

きっと、自分の周囲を見渡すはずです。周囲の世界がどうなっていて、その中で自分が世界とどうつながっているのかを考えるのです。そうやって、自分の現在の立ち位置を確認し、自分を取り戻そうとするのでしょう。

ですから、世界を知りたいという思いは、自分が何者なのかを知りたいという思いと同じなのです。そして「周囲の世界」の極限こそが、広大な宇宙です。つまり人間は、自分のことを知りたいから宇宙についても知りたいのだ、といえるのではないでしょうか。

「天からの文」を読み解く学問

とはいえ、「自分が何者かを知りたいから、ひとは宇宙に興味を持ってきた」などというと、かなり哲学的ですよね。そんな高尚な理由だけではなくて、もっと身近で切実な理由もあったに違いありません。ひとびとが宇宙に関心を抱いてきた第二の理由、それは宇宙の出来事が人間の暮らしに直接的な影響を与えると信じられてきたからです。

天文学はもっとも古い起源を持つ科学といわれます。それは読んで字のごとく「天からの文《ふみ》」、つまり天のメッセージを理解しようとする学問でした。天からの手紙を読み解きたい、天の意思を知りたいと考えていたのです。

たとえば、太陽や月、星々の動きを観察した古代のひとびとは、天体の運行がきわめて規則的であることに気づきました。その規則性を基《もと》にして作られたのが**暦**《こよみ》です。

古代エジプトでは、おおいぬ座の一等星シリウスが日の出の直前に地平線に現れる日を「一年」の始まりとする暦を作っていました。冬の夜空に燦然《さんぜん》と輝くシリウスは、太陽を除けば全天でもっとも明るい恒星として知られています。古代エジプトの時代には、このシリウスが日の出の直前に現れる時期は、ナイル川が氾濫《はんらん》する雨期の始まる時期と一致し

古代エジプトでは、シリウスが日の出直前に
地平線に現れる日を『一年』の始まりとした。

ていたそうです。ナイル川が氾濫すると、上流から運ばれてきた肥沃《ひよく》な土が川の周辺の耕地を潤します。そこでひとびとは氾濫が収まったのちに作物の種をまくのです。このように農作業の適切な時期を教えてくれるものが「天からの文」だったのですね。

また、日食や月食が起きたり、彗星《すいせい》などが現れたりといった「天変現象《てんぺん》」が起きると、地上にも何らかの影響が現れるはずだと古代の人は考えました。天の異変は、王の死や飢饉《ききん》の発生といった地上の災いの前触れであり、天からの警告だと思われたのです。こうした**天変占星術**は、おもに東洋で発展しました。

一方、西洋では、太陽や月、そして金星や火星などの惑星の位置や動きが個人の運勢を左右すると考えられました。これが**宿命占星術**です。古代ローマの時代には、ローマ皇帝から一般の庶民に至るまで、重要な意思決定には必ず宿命占星術を使い、天の意思を知ろうとしたそうです。

天からのメッセージに耳を傾けた時代は、ひとびとにとって宇宙が非常に身近な時代だったといえるでしょう。古代の人は宇宙の大きさを今の私たちよりもずっと小さく考えていましたから、天での出来事は地上の自分たちに直接の影響を与えるだろうと素直に信じていたのですね。

当時に比べれば、現代は宇宙に対する知識が飛躍的に深まっています。でも「広大な宇宙」

という正しい知識を持ってしまったために、現代の多くの人は宇宙に対してあまり関心を払わなくなったとも考えられるので、ちょっと残念ですね。

銀河宇宙の果てしない広がり

では、現代の科学は宇宙の謎をどこまで解き明かしたのでしょうか。

天文学の分野の一つに**宇宙論**というものがあります。これは、宇宙の空間的な広がりと時間的な広がりを解き明かす学問です。「宇宙はいつ、どのように始まったのか」「宇宙の中にあるさまざまな物質はどうやって生まれたのか」「宇宙全体の構造はどうなっているのか」といった問題を取り扱います。

まずは、宇宙の空間的な広がりを見てみましょう。ご存じのように、私たちの太陽系は**銀河系**という星の大集団の一員です。銀河系の内部には、太陽のような星、つまり恒星が二〇〇〇億個もあるといいます。銀河系は円盤状の形をしていて、円盤の半径は約五万光年（「一光年」はおよそ一〇兆キロメートル）です。太陽系は、そんな銀河系の中心から二万六一〇〇光年ほど離れた、いわば片田舎の場所にあります。

二〇〇〇億個の星と聞いただけでも気が遠くなりそうですが、宇宙にはこうした星の大集団である銀河が見えているだけで一〇〇〇億個ぐらいあるとわかっています。そして星が銀河という集団を作るように、銀河も集団を作る傾向があります。数十個程度の集団の場合は**銀河群**、一〇〇個以上になると**銀河団**と呼ばれます。私たちの銀河系は、有名な渦巻き銀河であるアンドロメダ銀河などといっしょに、三〇個ほどの銀河からなる**局所銀河群**という小さな集団を作っています。

銀河群や銀河団はさらにいくつか集まって**超銀河団**を作ります。おとめ座超銀河団は、二〇〇〇個の銀河の大集団であるおとめ座銀河団を中心とした、三億光年もの大きさの超銀河団です。私たちの局所銀河群は、おとめ座超銀河団の端のほうに位置しています。

さて、超銀河団同士は隣と連続的につながって、ちょうどハチの巣のような形になっていることがわかっています。ハチの巣の穴に当たる部分は、数億光年にわたって銀河があまり存在しない領域となっていて、空洞を意味する**ボイド**と呼ばれています。

さらに広い領域やさらに遠くの領域で、宇宙がどんな構造になっているのかは、現在も観測が続けられています。現在までに見つかっているもっとも遠方の銀河は、私たちから約一三四億光年もの彼方にあります。ＮＡＳＡ（アメリカ航空宇宙局）のハッブル宇宙望遠鏡や、日本のすばる望遠鏡などの巨大ハイテク望遠鏡が観測を続けていますので、この記録はさらに塗り替えられるかもしれません。

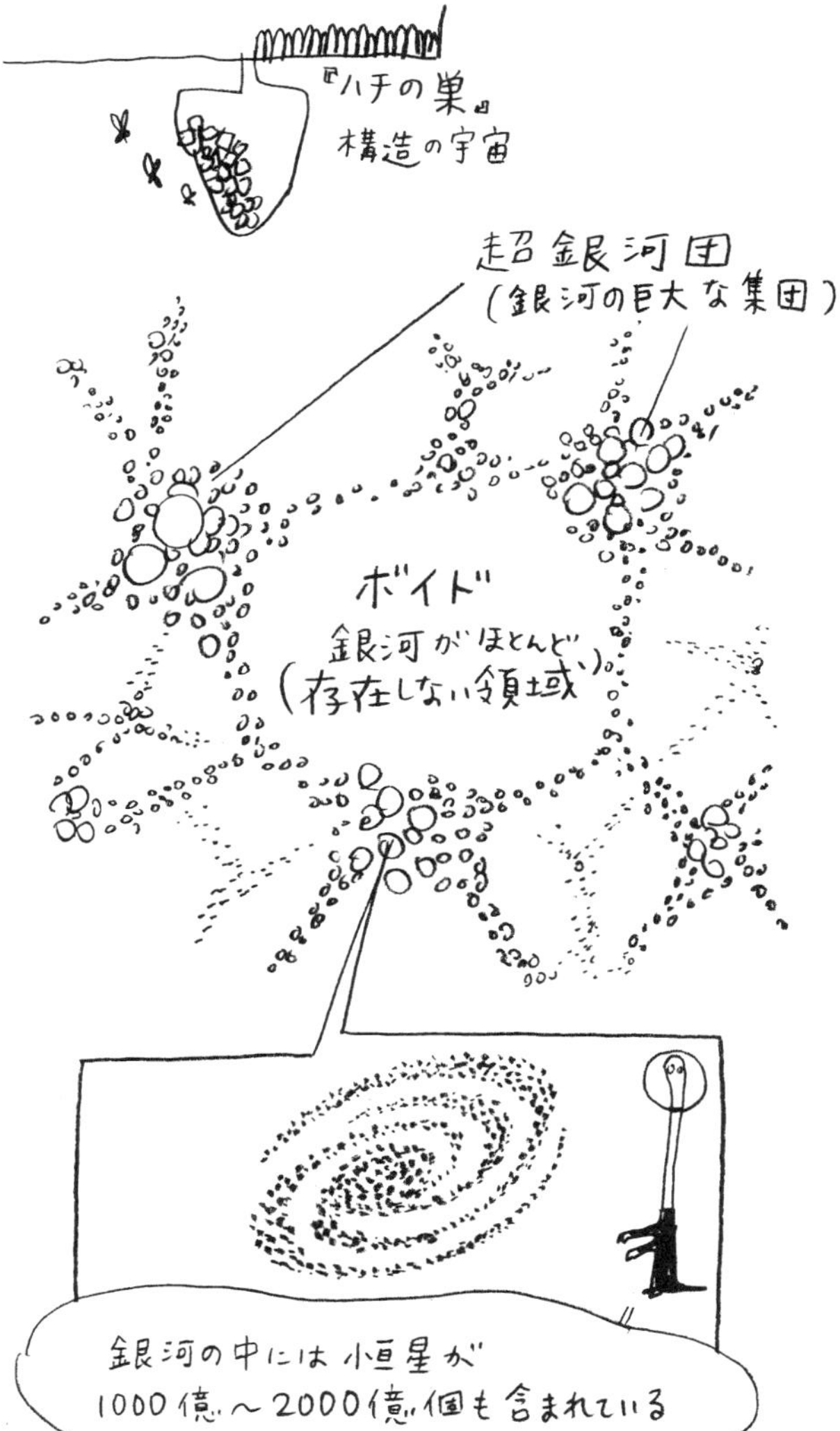
『ハチの巣』
構造の宇宙
超銀河団
（銀河の巨大な集団）
ボイド
銀河がほとんど
（存在しない領域）
銀河の中には恒星が
1000億〜2000億個も含まれている

超高温のミクロの卵として生まれた宇宙

続いて宇宙の時間的な広がり、つまり宇宙の歴史について簡単に触れましょう。

宇宙は今から約一三八億年前に、原子よりもはるかに小さなミクロの「卵」の状態で生まれたと考えられています。そして生まれたとたんに超ミクロ宇宙は急膨張し、一瞬にして何十桁《けた》も大きくなって私たちの目にも見えるくらいの大きさにまで成長しました。それと同時に、宇宙全体は超々高温に熱せられ、小さな赤ちゃん宇宙はドロドロの「光のスープ」のような状態になったとされています。これが、宇宙は超高温の小さな塊《かたまり》として生まれ、それが膨張して現在の広大な姿になったという**ビッグバン宇宙論**です。

ところで、宇宙は一三八億年前に生まれたとすれば、その前、つまり宇宙が始まる前にはいったい何があったのでしょうか。その答えは、まだよくわかっていません。宇宙が生まれる前には時間や空間を含めたいっさいのものがなかった、と考える科学者もいます。つまり宇宙は「無」から生まれたというのです。でも一方で、宇宙が生まれる前から「母宇宙」が存在し、私たちの宇宙はその母宇宙から生まれた子どもなのだ、という説もあります。宇宙が生まれてから後のことについてはかなり理解できているのですが、宇宙誕生の瞬間や、その「前」の様子についてはよくわからないことが多いのですね。

さて、生まれたての超高温のミニ宇宙は、ゆっくりと膨張しながら、少しずつ温度を下げていきます。やがて宇宙の中に原子や分子が生まれ、お互いの重力によって引き合い、少しずつ集まって「ガスの雲」が宇宙のあちこちにできます。宇宙全体は膨張しながら温度を下げていくのですが、ガスの雲はさらに集まって収縮を続け、周囲とは逆に温度を上げていきます。やがて核融合反応によって燃え始め、ついに輝く星になるのです。宇宙の中に最初の星が生まれたのは、宇宙が誕生して約二億年後のことだとされています。

星は燃料をすべて使い果たすと寿命を迎えます。ゆっくりと冷えて宇宙に消えていく場合もあれば、最後に大爆発を起こして周囲にガスや星のかけらを派手にまき散らすこともあります。それらは宇宙空間を漂い、長い時間をかけて再び集まり、新たな星として生まれ変わります。私たちの太陽はこのような形で、今から約五〇億年前に生まれました。太陽の周囲にはいくつかの惑星が生まれ、その一つが私たちの地球であり、約四六億年前に誕生しました。約三八億年前には地球上に最初の生命が生まれ、進化と絶滅を繰り返した末に私たち人類が現れ、今日に至っているのです。

その私たちが、宇宙の成り立ちとしくみをここまで理解できるようになったことを、二十世紀を代表する物理学者**アインシュタイン**は次のように称《たた》えています。

「この宇宙でもっとも理解不能なこと、それはこの宇宙が理解可能であることだ」

理解不能とは理解を超えたもの、つまり奇跡だということです。宇宙の片隅に生まれた私たちのちっぽけな頭脳が、広大な宇宙の構造と歴史をここまで解き明かしたのは、確かに奇跡としかいいようがありませんね。

宇宙の九五パーセントは正体不明

とはいえ、私たちは宇宙の謎をあらかた解いてしまったわけではありません。むしろその逆で、わからないことのほうがずっと多いのです。

二〇〇三年、ＮＡＳＡは「宇宙の九六パーセントは正体不明の物質やエネルギーからできている」という調査結果を発表しました（二〇一三年三月には「九五パーセントが正体不明」という最新の数値が発表されました）。宇宙の研究者たちにとってはほぼ予想通りの結果だったのですが、一般の方にはショックだったかもしれませんね。九五パーセントが正体不明だなんて、宇宙について何もわかっていないのも同然だともいえますから。

正体がわかっている五パーセント（二〇一三年三月発表の正確な数値は四・九パーセント）は、私たちの体や星などを構成している、ごく見慣れた普通の物質です。しかし宇宙には、私たちの身近には存在しない物質やエネルギーが溢《あふ》れているのです。これは宇宙論の最新理論から予想されていたことで、NASAやESA（欧州宇宙機関）の天文衛星による宇宙の観測からそれが確認されたのです。

正体不明の約九五パーセントのうち、約二七パーセントは「光や電波を出さないので観測はできないが、重さのある物質」だとされています。光を出さない暗い物質なので、これを**暗黒物質**と呼んでいます。私たちの銀河系の内部やその周辺部には、目に見える普通の物質の一〇倍もの重さの暗黒物質が存在するだろうと予想されています。

そして残りの約六八パーセントは「全宇宙に満ちている謎のエネルギー」で、**暗黒エネルギー**と名づけられています。暗黒エネルギーは重力とは逆の反発力を周囲に及ぼし、そのために宇宙の膨張スピードが次第に加速していると考えられています。

現在、天文学における最大の関心事は、暗黒物質と暗黒エネルギーの正体探しです。暗黒物質の候補としては、最新の素粒子物理学が存在を予言する未知の粒子などが挙げられています。一方、暗黒エネルギーの正体については、現時点ではほとんど不明です。

宇宙の大半を占める未知の物質やエネルギーという話題だけでも十分刺激的ですが、ここ十数年、従来の常識を覆《くつがえ》す新たな宇宙論が学界を席巻《せっけん》しています。それは**ブレーン宇宙論**といいます。ブレーンとは「薄い膜」という意味で、私たちの宇宙は一〇次元の空間の中を漂う薄い膜のような存在だと主張する理論です。

私たちは縦・横・高さの三つの方向（次元）を持つ三次元空間に住んでいます。でもじつは、私たちには認識できない第四の方向から第一〇の方向までを持つ一〇次元空間（さらに時間の一次元を加えて「一一次元時空」ともいいます）が広がっているというのですから、まるでＳＦのような話ですよね。しかしブレーン宇宙論は、暗黒エネルギーの正体や宇宙の始まりについて新たなモデルを示せることもあって、多くの天文学者や宇宙物理学者が注目し、真剣に議論しているのです。

人間の宇宙観を振り返る旅へ

宇宙については、知れば知るほど、わからないことや新たな謎が次々と登場します。それは、球の「体積」と「表面積」の関係にたとえられています。

球の体積が増えれば、同時に表面積も増えますよね。そして球とは、私たちの宇宙に関する知識を表したものです。宇宙について知っていることが増える、つまり球の体積が増えれば、未知の領域との境界である表面積もやっぱり増えていくのです。

きっと、宇宙について「これですべてわかった！」ということはないのでしょうね。歴

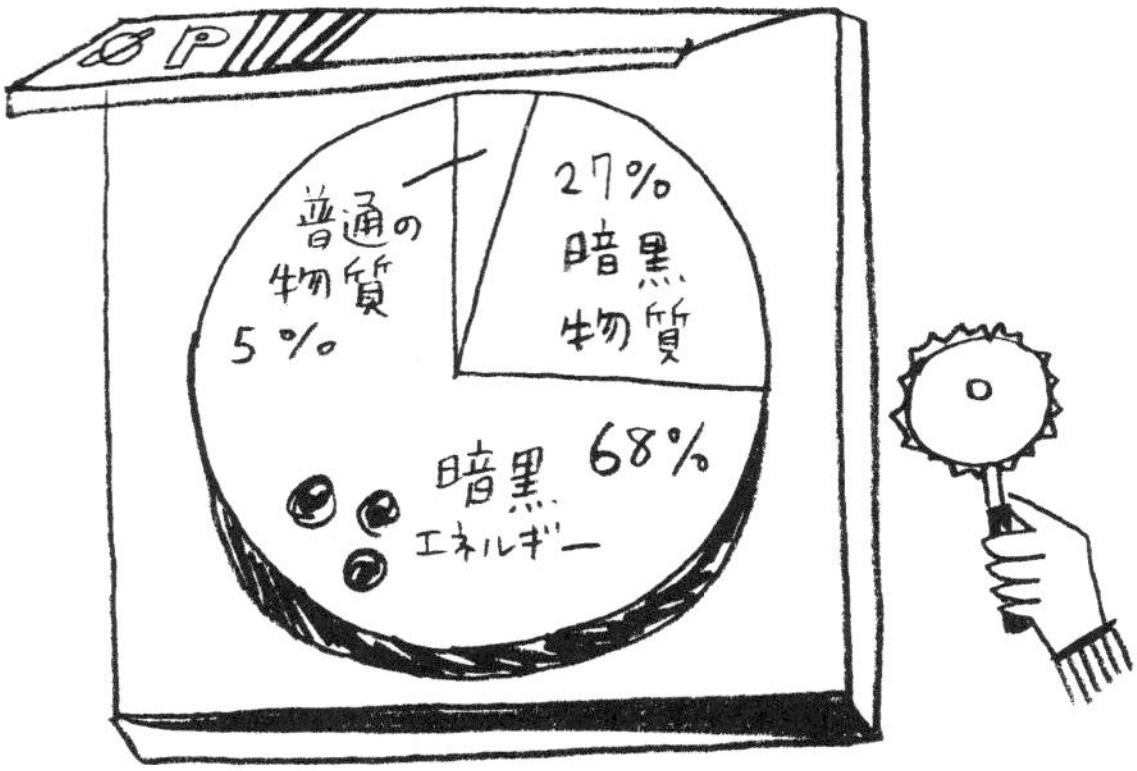
普通の物質 5%
27% 暗黒物質
暗黒エネルギー 68%

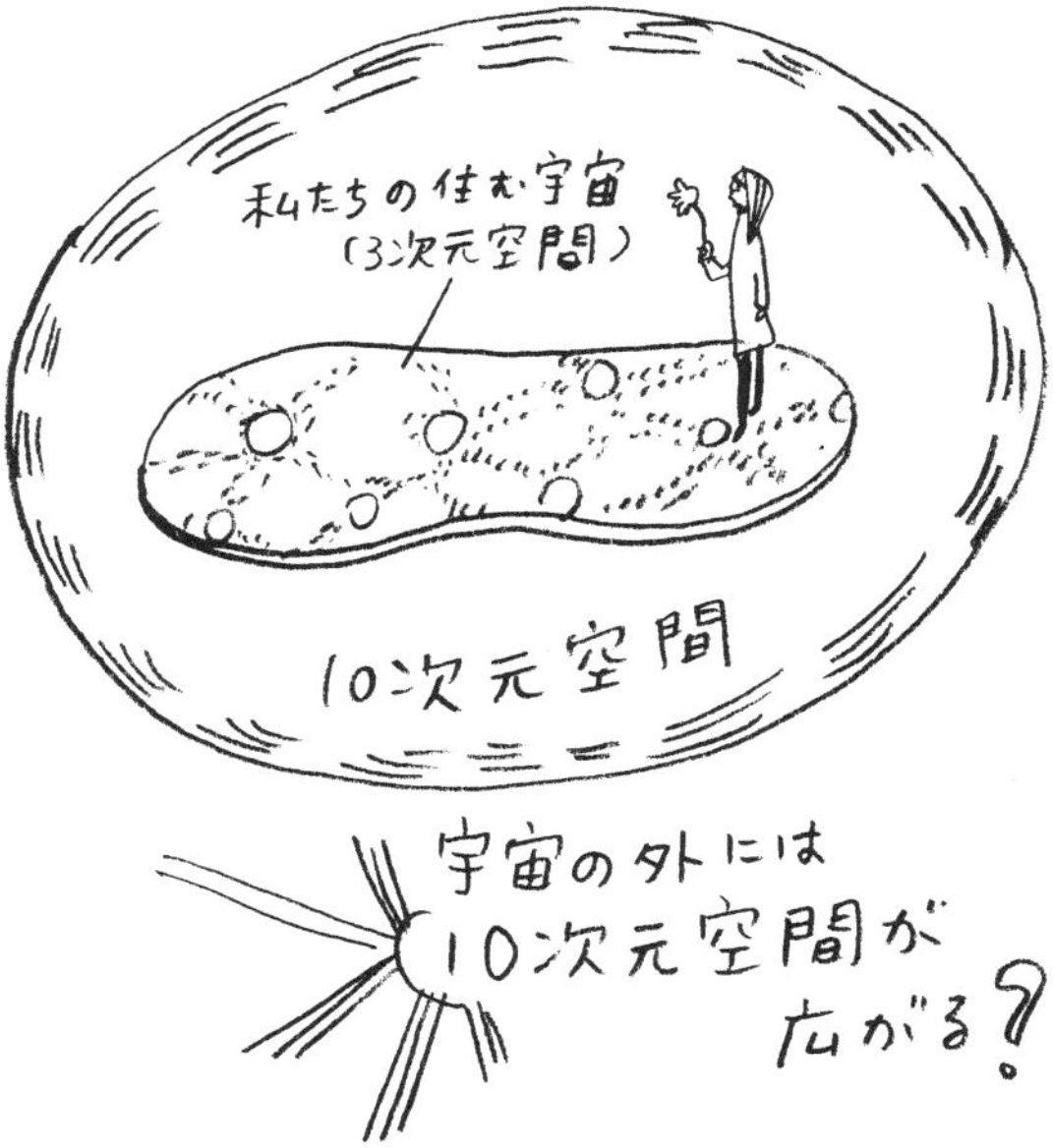
私たちの住む宇宙
(3次元空間)
10次元空間
宇宙の外には
10次元空間が
広がる?

史的な発見や革新的な理論が宇宙の真実を明らかにすると、そのたびに新たな謎も生まれて、人間はまたそれに挑戦する、ということを繰り返していくに違いありません。ですから人間にとって、宇宙は永遠のフロンティアなのです。

本書ではこれから、私たち人間が宇宙をどのようにとらえてきたのか、その宇宙観の歴史を古代から振り返ってみたいと思います。

宇宙観の変遷を知ることは、フロンティア、つまり未知との境界の変遷を知ることであり、そのときどきにおける「人間の最高の知」の歴史をたどることです。それだけでも十分魅力的ですが、同時に宇宙観の歴史は、私たちの人間観の歴史にもなっていると思います。宇宙を通して「自分自身」についてひたすら考えてきた私たちの、ささやかですが、かけがえのない営み、その限りない魅力を皆さんと共有できたらと願っています。

それでは、今晩はこのあたりで。おやすみなさい。

第二夜

神の手による宇宙の創造

交通事故を起こしやすい星座

今夜は、古代のひとびとが考えた宇宙についてお話ししましょう。

突然ですが、あなたは「何座生まれ」ですか。てんびん座やみずがめ座の人は、車の運転に少し注意したほうがいいかもしれないそうですよ。これらの星座の人は、交通事故を起こしやすいらしいからです。

前にもお話ししたように、天の現象から吉凶を占う占星術は、暦の作成と並んで古代の天文学における重要な目的でした。そもそも昔は、占星術も天文学も英語で「天についての考え」という意味の**アストロロジー**（astrology）と呼ばれていました。それが後の時代になって、惑星の運動のように法則性がはっきり認められるものを、天（astro）の法則（nomos）を扱う学問として区別したのです。これが現在の天文学という語である**アストロノミー**（astronomy）になりました。

科学が発達した現在でも、占星術を含むさまざまな占いは根強いブームを誇っていますよね。朝のテレビ番組や多くの雑誌には、必ずといっていいほど「今日の星占い」や「今月の何とか占い」のコーナーがあります。その人気度がテレビの視聴率や雑誌の売り上げにもかなりの影響を与えているそうなので、すごいことです。そして私たちも、占いをさほど信じているわけではないのに、何となく見てしまって、良いことが書いてあると結構うれしかったりします。

占いに個人で一喜一憂している分にはまだいいのですが、ちょっとびっくりするようなニュースを、だいぶ前のことになりますが、聞きました。カナダのある保険見積もりサービス会社が、交通事故を起こしやすい星座があるという報告書をまとめたのだそうです。この会社の社長さんは、大まじめでこう語っていました。

「保険会社は保険料率を決める時に、住んでいる地域や車種など多くの変数を考慮している。でも皮肉なことに、星座というもっとも重要な要素を見落としているのだ」

その報告書によると、もっとも事故を起こしやすいのはてんびん座のドライバーで、理由は「てんびん座の人はバランスとコンセンサスを望み、素早い決定を好まない」からだそうです。それに「衝動的な」みずがめ座、「自己優先的な性質を持つ」おひつじ座が続くということです。笑ってしまいそうですが、もし本当に星座によって保険料率が変わるようになったら、とても笑いごとではすまされませんよね。

私は占いを信じるほうではありませんので、星座が人間の性格や運転技術を左右するなどという話は「眉唾《まゆつば》もの」にしか思えません。でも、古代の宇宙観を反映する星占いが、現代の私たちの考えや行動にまで影響を与えているというのは、宇宙と人間との密接な関係を表すものとして面白いですね。

地域の特色が反映された古代の宇宙観

では改めて、古代のひとびとの宇宙観についてお話ししていきましょう。古代の人が宇宙を（あるいはこの世界を）どのように理解していたのかは、世界各地に伝わる神話を見ていくとわかります。

そうした神話からうかがえる古代人の宇宙観には、一つの特徴が見られます。それは、その地域の地理的・風土的な特色を強く反映している、ということです。これを「地域的宇宙論」といいます。

古代のひとびとの多くは、一つの平原や一つの谷、あるいは一つの島の中で生まれ、そこで一生を終えました。交通手段が発達せず、情報の交換も限られているのですから、自分たちの住む狭い地域を世界のすべてだと考えるのは自然なことです。したがって当然、ひとびとの宇宙観にその地域の特色が強く投影されたのですね。

たとえば古代エジプト人は、大地の中央は低地になっていて、巨大な川がそれを二つに分けているると考えていたそうです。そして大地の四隅には巨大な山がそびえ、その山々によって大地を覆う天が支えられている、というような世界の構造を想像していたのです。これはまさに、周囲を砂漠や高地に囲まれたナイルの川べりに暮らしたエジプトのひとびとが毎日見ていた風景そのものです。

一方、古代インド人は、大地の中心にとてつもなく高い山がそびえ、太陽や月、星々はこの山の周囲を回っているという宇宙観を抱いていたそうです（次ページの図を参照）。宇宙の中心にそびえ立つ高山とは、インドのひとびとになじみ深いヒマラヤの山々を理念化したものだといわれています。この高山は中国仏教において「須弥山《しゅみせん》」と呼ばれ、日本にも仏教の伝来とともにこの須弥山宇宙観が伝えられています。そして、大地は半球状をしていて、その大地はなぜか巨大な三頭のゾウの背中に乗っているとされました。さらにゾウは巨大なカメの上に乗り、カメはとぐろを巻いた巨大なヘビの上に乗っていて、これが全宇宙だというのです。何とも面白い宇宙観ですよね。

古代の人が思い描いた天と地の形

さて、現代の私たちは地球が丸いことを、そして地球の外側を広大な宇宙が取り囲んで

古代インドで考えられた宇宙観

いることを知っています。では、古代のひとびとは宇宙すなわち「天」や、地球すなわち「地」の形や構造を、どのように考えていたのでしょうか。

古代人が考えた天と地の形は、大きく三つのパターンに分けられます。それは「天も地も平ら」「天は球、地は平ら」「天も地も球」の三種類です。

「天も地も平ら」という見方は、大陸内部の広大な平野に住んでいたひとびとのものです。古代中国の人たちは、天は円形（円盤形）であり、大地は方形（四角形）であるとする「天円地方《てんえんちほう》」と呼ばれる宇宙観を持っていました。円盤形の天は四角形の大地に対して平行に広がっています。そして天はその北極（天の北極）を中心にして、太陽や月などの天体とともに東から西へ一日で一回転するのです。ちょうど大地に対してまっすぐ垂直に傘《かさ》を立てて、傘の柄《え》をくるくる回転させる様子に似ているので、この宇宙観は**蓋天説《がいてんせつ》**（蓋とは傘のこと）と呼ばれ、中国最古の宇宙論だとされています。

でも、天と地を平らだとする蓋天説では、実際の天体の運行をあまり正しく説明できません。そこで、天を完全な球形と考える宇宙観が登場します。これを**渾天説《こんてんせつ》**（渾とは球のこと）といい、二番目の「天は球、地は平ら」という見方です。渾天説では、平坦な大地が水の上に浮き、球形の天が大地を取り囲むようにあって、天の北極を中心に回転していると考えます。卵でたとえるなら、卵の殻が天に相当し、大地が卵黄に（ただし球形ではなく平坦です)、水すなわち海が卵白に当たる(ただし卵の内部だけでなく外部にも広がっています)といえます。

渾天説は天体の運行の様子を、蓋天説よりもずっと正しく説明できました。ただ一つだけ弱点があり、それは「なぜ火の天体である太陽が、大地の下にある水の中を消えることなく毎日通過できるのか」という問題でした。そこで蓋天説に改良が加えられ、天も地もちょっとだけ湾曲していると考えるモデルが唱えられました。それでも渾天説の優勢は変わらず、漢の時代以降の中国のひとびとは渾天説に基づいて宇宙を理解していました。それが日本にも伝わり、江戸時代の初期までひとびとの宇宙観を支配したのです。

そして、最後の「天も地も球」という見方は、古代ギリシャの「自然哲学者」たちが考えたものです。これについては、次の章(第三夜)で詳しくお話ししましょう。

大地が球形であるという認識は、西洋から「地球説」がもたらされるまで、残念ながら中国や日本で独自に生まれることはなかったようです。その理由の一つとして、中華思想の影響が考えられます。自分たちの国を世界の中心(中華)と考えた中国では、世界は平面でなければならなかったのです。だって大地が球体だったら、どこが世界の中心なのかわからなくなるわけですから。

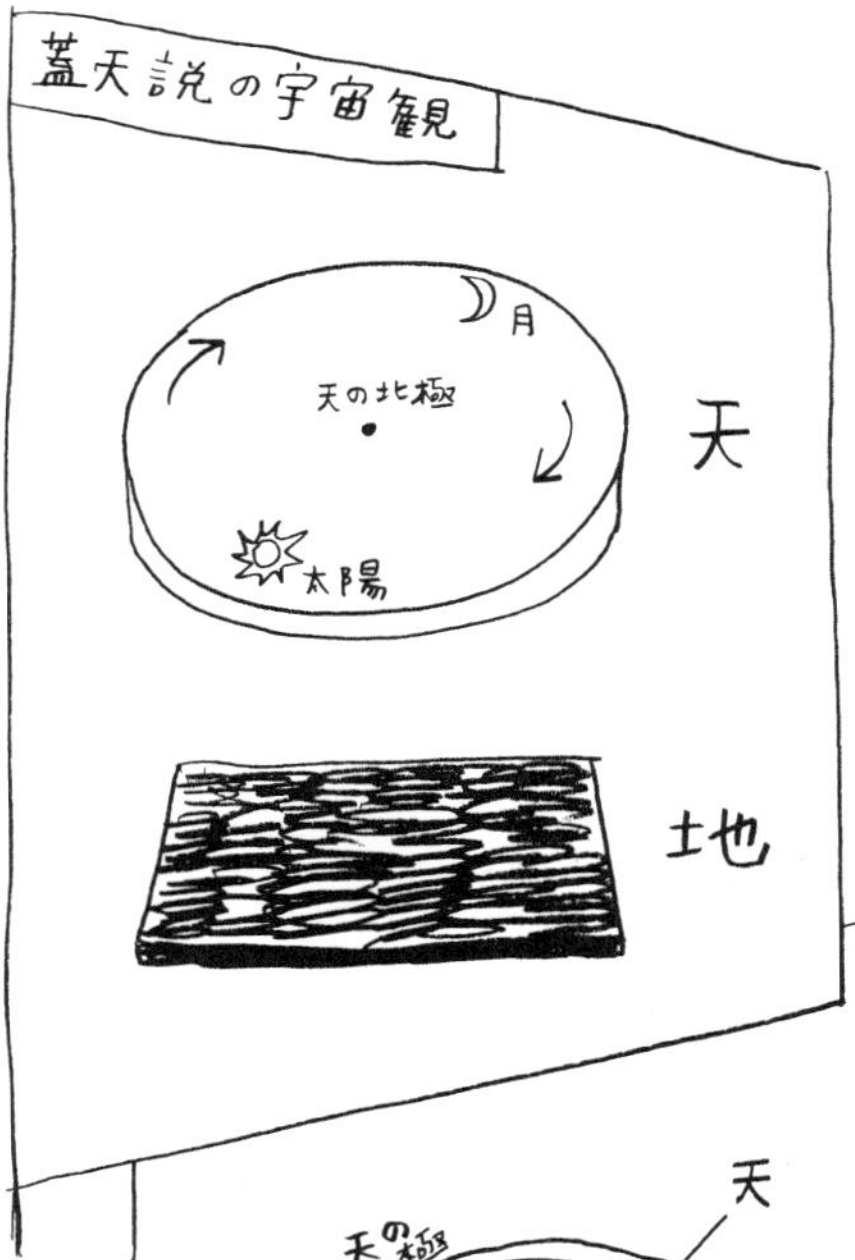
蓋天説の宇宙観
月
天の北極
天
太陽
地

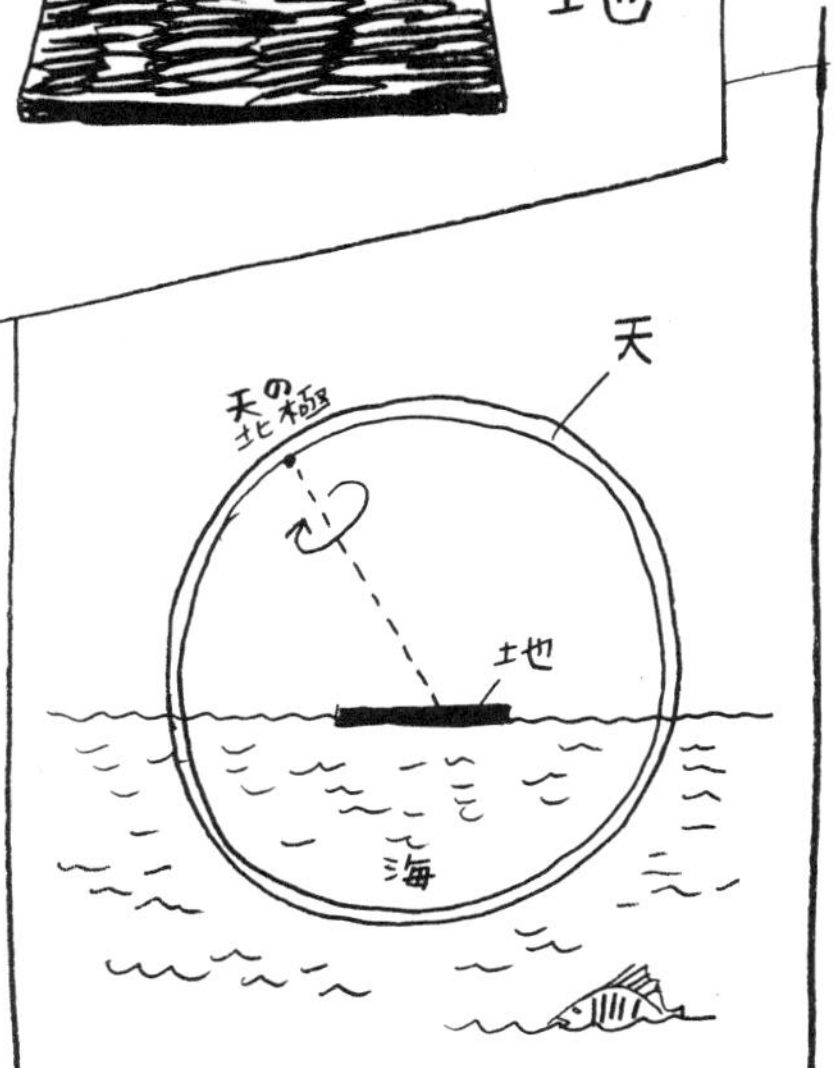
天
天の北極
地
海
渾天説の宇宙観（真横からみた図）

さまざまな創世神話のタイプ

今度は、古代の人が考えた「宇宙の始まり」について見てみましょう。

南太平洋の島々に伝わる神話の中には、宇宙（あるいは天地）の始まりについての記述が曖昧《あいまい》で、天地が最初から存在したという前提で物語が始まるものもあるそうです。ですが、世界各地に伝わる神話の多くは、この世界がどんなふうに造られたのかを語る、いわゆる「創世神話」を持っています。

すぐに思いつくのは、ヘブライ人（古代ユダヤ人）の神話である旧約聖書の「創世記」でしょう。神はまず天地を創造し、「光あれ」と唱えて光と闇を分け、昼と夜を作りました。さらに海と陸地を作り、太陽と月を作り、魚や獣や鳥を作り、最後に一組の人間を作ったといいます。

こうした「創造神」によって天地や人間が作られたという話は、マヤやアステカ、インカなどの古代アメリカ文明に伝わる神話でも語られています。イザナギとイザナミが日本の国土を生んだという我が国の「国生《くにう》み」神話や、本書の「はじめに」で紹介した、インドのヒンドゥー教の創造神ブラフマーが太鼓をたたいて宇宙を創生したという言い伝えも、このタイプに属するでしょう。

創造神によるもの以外では、巨人の死体から天地が造られたというタイプの神話も各地で見られます。アイスランドなどに伝わる北欧神話では、灼熱《しゃくねつ》の世界の熱によって氷の世界の霜が解け、その滴から巨人ユミルが生まれたとされています。やがてユミルはオーディンなどの神々と対立し、ついには殺されてしまいます。ユミルの血は海となり、身体《からだ》は大地に、骨は山脈に、頭蓋骨は天空になって、天地が造られたのだそうです。

それから、宇宙は一個の卵から生まれたと語る神話も非常に多いです。冷たくて硬い、石のような卵から、ある日突然ひな鳥が孵《かえ》ることに、古代のひとびとはさぞ驚き、きっと宇宙もこんなふうに生まれたのだろうと思ったのでしょうね。先ほどヒンドゥー教の創造神ブラフマーの話をしましたが、初期のヒンドゥー教では、ブラフマーが「宇宙卵」を二つに割って天と地を造ったという創世神話も伝えられています。

また、原初の「海」から天地ができたというタイプの神話もたくさんあります。古代エジプト神話では、世界は最初、原初の水でできた海だけが存在したといいます。その海の中から宇宙創造神が生まれ、天地が造られたということです。

イスラム世界で今も使われる太陰暦

古代のひとびとの宇宙観や創世神話を紹介してきましたが、読者の皆さんもおそらくお感じの通り、宇宙そのものについて詳しく語っているものはさほど多くありません。古代のひとびとにとって、一番の関心は当然、自分たちが暮らす地上の出来事にあったのです。ですから神話の中でも「地」の話がメインであって、「天」はサブにすぎず、大地の「ふた」くらいの感覚だったのかもしれません。

ですがやがて、ひとびとは「天」にも目を向けるようになります。天の現象を観察し、そこに規則性を見いだしたり、天の現象が地にも大きな影響を与えていると考えたりするようになったのです。こうして天の現象を観測し、天からの文（メッセージ）の意味を読み解こうとする天文学が誕生しました。

前の章（第一夜）でもお話ししたように、古代の天文学には、大きく分けて二つの目的がありました。一つは暦を作ることで、これは**暦算天文学**《れきさん》といわれます。そしてもう一つは天の現象から吉凶を占うことであり、いわゆる**占星術**です。まずは暦を作る暦算天文学についてお話ししましょう。

暦は基本的に、太陽の動きから決まる「一日」と月の満ち欠けに基づく「一か月」、そして星や季節の移り変わりから決まる「一年」という三つの周期を組み合わせて作ります。このうちもっとも簡単なのは、一日と一か月の組み合わせだけで作る暦です。これを**太陰《たいいん》暦《れき》**（純粋太陰暦）といいます。月の満ち欠けの周期は約二九・五日なので、一か月は二九日あるいは三〇日となり、これを組み合わせて暦を作るのです。

季節の変化と関わりを持たない太陰暦は、現在ではほとんどの国で使われていません。ほぼ唯一の例外といえるのが、イスラム社会で用いられているイスラム暦（ヒジュラ暦）です。イスラム暦では二九日の月と三〇日の月を交互に繰り返し、一二か月で一年とするので、一年は三五四日になります。ただし月齢との調整のため、三〇年に一一回、一年に一日を増やす閏年《うるうどし》を設けています。

イスラム暦の九月が、断食月として有名なラマダンです。イスラム教徒はラマダンの間、日の出から日没まで飲食をいっさい絶ちます。厳格な信者は唾を飲みこむことさえしないそうです。食事を満足にとれない貧しい人たちの苦しみを知り、彼らをいたわる気持ちを持つことが断食の目的とされています。イスラム暦は一太陽年（三六五日）とは一一日ほどずれているので、ラマダンの月も少しずつ変わっていきます。夏場がラマダンになると、昼の時間が長い上に暑さで体力を消耗するので、日中だけとはいえ、断食は本当に大変な

昼間の暑さを避けて夜のうちに砂漠を進む遊牧民や商人にとって、月明かりの有無を知ることは重要であり、そのため太陰暦が使われた。

ことでしょうね。

東アジアで長く使われた太陰太陽暦

月の満ち欠けに基づく太陰暦では、農作業の計画を立てるのに必要な季節の変化を把握できません。そこで季節の変化と密接な関係を持つ太陽の運行周期に基づいた暦が作られるようになりました。

そのためにはまず、一年の長さを正確に知らなければなりません。そこで古代のひとびとは、棒を地面に立て、一日のうちで太陽がもっとも高くなった時（南中時）の棒の影の長さを測りました。そして影の長さがもっとも長くなった日を一年の始まりとしたのです。これは冬至の日になります。そして冬至から冬至までの日数を数えることで、一年（一太陽年）を約三六五日としたのです。

一年の長さがわかったので、これと月の満ち欠けの周期を組み合わせて作られたのが**太陰太陽暦**《たいいんたいようれき》（旧暦）です。二九日または三〇日である月の周期と、約三六五日である一太陽年の周期を揃《そろ》えるために、太陰太陽暦では閏月《うるうづき》（一二か月の他に加える月）を三年に一回程度入れることになります。おもに東アジアで長く使われた暦であり、日本では明治の初めまで使われていました。

太陰太陽暦もベースとなっているのは月の満ち欠けの周期なので、このままでは農業用の暦としては使い勝手がよくありません。そこで冬至から冬至までの一太陽年を二十四の期間に分ける「二十四節気《にじゅうしせっき》」が中国で考案され、日本にも伝わりました。二十四節気では約一五日ごとに冬至、小寒、大寒、立春、雨水、啓蟄《けいちつ》、春分と、気候などにちなんだ名前がつけられています。農村のひとびとは季節の変化に対応した二十四節気を見ながら、農作業の予定を決めていったのです。

ちなみに日本で、現在使われている太陽暦（新暦）に移行したのは、明治六年からです。旧暦の明治五年一二月三日を、新暦の明治六年一月一日に改めました。旧暦の明治六年には閏月があり、明治政府は官吏《かんり》に対して月給を年に一三回支払わなければなりませんでした。そこで明治六年から新暦に改めることで月給の支払いを一か月分減らし、さらに明治五年一二月は二日しかないということで、一二月分の給料も支払いませんでした。新政府の見事な経費削減策だったのです。

古代エジプトで生まれた太陽暦

私たちが現在使っている暦は、月の満ち欠けをまったく無視し、太陽の運行だけに基づいて作られた**太陽暦**です。その発祥は古代エジプトだと考えられています。

最初に作られたのは、一年を三六五日とするエジプト暦でした。一か月を三〇日とし、一二か月に余りの五日を最後に置くことで一年としたのです。

のちに、シリウスが日の出の直前に現れる日を一年の始まりとするシリウス暦が作られました。前の章（第一夜）でもお話ししましたが、おおいぬ座の一等星シリウスが日の出の直前に地平線に現れる時期（現在の夏至の頃）は、当時のエジプトではナイル川が氾濫する雨期の始まりに相当していました。ナイル川の氾濫は大きな災害をもたらしますが、同時に上流から肥沃な土壌が運ばれてきて、周辺の田畑を潤してくれます。そこでひとびとは、一年の最初の四か月を氾濫期、次の四か月を種まき期、最後の四か月を収穫期として区分し、農作業の計画を立てたそうです。

シリウス暦はのちに古代ローマの軍人で政治家のユリウス・カエサル（ジュリアス・シーザー）がローマ共和国の暦として採用し、ユリウス暦と呼ばれるようになりました。ユリウス暦の一年は三六五・二五日とされ、四年に一度の閏年を設けて三六六日とします。さらに六世紀になって、イエス・キリストの生誕年を紀元元年とする紀元（西暦紀元）の暦法がこれに加えられて、いわゆる西暦何年何月何日という暦が完成したのです。

でも正確な一太陽年は三六五・二四二二日なので、ユリウス暦では四年に約四四分、一三〇年で約一日のずれが生じてしまいます。ユリウス暦と実際の季節のずれが大きくなってきた十六世紀末、時のローマ教皇グレゴリウス一三世は暦法の改正を天文学者たちに命じました。こうして一五八二年に発布されたのが、現在私たちが使っているグレゴリオ暦です。西暦の年数が一〇〇で割り切れるが四〇〇では割り切れない年は閏年としないという新たなルールを加えることで、誤差は三〇〇〇年に一日にまで小さくなりました。

天の異変と地の災いを結びつけた天変占星術

今度は占星術の歴史について見てみましょう。

地上の現象に比べて、天の現象には多くの規則性・周期性を簡単に見つけることができます。すべての恒星は互いの位置関係を変えることなく一晩のうちに東から西へと移り、同時に季節によって少しずつ位置をずらしていきます。太陽や月、そして太陽系の惑星の動きは、恒星よりも複雑ですが、根気よく観察すればその規則性を見いだせます。

しかし変化の少ない静かな天も、時として起こる異変によってざわめきます。見たことのない星が急に輝き出すのが「新星」や「超新星《ちょうしんせい》」です。じつはこれは、新しい星が生まれたのではなく、星の表面で起きた爆発によって一時的に数万倍もの明るさになったり（新星）、星が生涯の最後に大爆発を起こして明るく輝いたり（超新星）する現象です。また、一瞬だけ明るく輝いて空を横切る「流星」や、不気味な長い尾を引く「彗星《すいせい》」が現れたりします。太陽や月が突如として欠け始め、完全に姿を消したかと思うと、再び姿を現して元に戻る「日食」や「月食」も起こります。

こうした天のざわめきは、古代のひとびとの心に限りない不安を与えたことでしょう。そして天の異変は地に何らかの影響をもたらす、あるいは地の災厄の前触れであるとみなしました。現在よりも天を身近に感じていた古代の人にとって、天変と地異との間に密接な関係があると考えるのはきわめて自然なことでした。

そこでひとびとは、同じような天変の記録が過去になかったか、そしてそれと前後して地上の災厄がなかったかどうかを探しました。そして、以前日食が起きた年に、王が死んだという記録があったならば、今回もまた王が死ぬのではないかと予想したのです。このように過去の天変現象と地上の災厄との関連性を探し出し、それを体系化したものが**天変**

占星術です。

天変占星術のルーツは、古代バビロニア（現在のイラク地方）と古代中国の二つであると考えられています。このうち、古代バビロニアの占星術はのちに古代ギリシャに伝わり、個人の運勢を占う**宿命占星術**（ホロスコープ占星術）へと変化していきました。一方、古代中国では天変占星術の伝統が清《しん》の時代まで続いていきます。これは中国では「天命」の思想が支配的だったためです。徳のある人物が天の命を受けて王となって国を治め、王が徳を失えば天の命によって革命が起き、王朝が交替するというのが天命の思想です。そのため天命を受けた王すなわち「天子」は常に天の意思を確認しようと、神官たちに命じて天を観測させ、天変に備えたのです。

紀元前一世紀に前漢の歴史家・司馬遷《しばせん》が記した歴史書『史記《しき》』には、古代中国の占星術の手法が記されています。たとえば、火星が月に隠れる「火星食」が起きると戦乱が発生するそうです。また、太陽がすべて隠れる皆既日食は君主が悪事を働いている証拠で、太陽の一部が欠ける部分日食は臣下が悪事を働いている証拠である、といった具合です。

中国の天命思想と占星術は飛鳥《あすか》時代に日本にも伝わりました。飛鳥の都には占星台《せんせいだい》という天文台が置かれ、天変現象を観測し、記録したのです。こうした記録は、現代の天文学にとっても大きな利用価値があります。たとえば日食や月食、あるいは彗星の記録から、

天子は神官に命じて天
を観測させ、天変に備
えていた。

これらの天体の軌道や周期などを正確に見積もることができます。また、「超新星」の出現の記録も貴重です。おうし座にある有名な「かに星雲」は、中国や日本に残る記録などから、一〇五四年に起きた超新星爆発の残骸《ざんがい》であることが確認されています。

七つの天体の位置から個人の運命を占う宿命占星術

さて、東洋の占星術が天変占星術であり続けたのに対して、古代バビロニアで生まれた占星術は、のちに宿命占星術へと変化しました。その転換点になったのが、紀元前六世紀頃に栄えたカルデア王国（新バビロニア）における精密天文学の成立です。

古都バビロン（バベル）を中心に栄えたカルデアでは、国を挙げて大規模な天体観測をおこなったそうです。その結果、惑星の複雑な運行の様子や日食・月食の原理がかなり明らかになり、将来の予測も可能になりました。天変現象はもはや異変ではなく、「想定の範囲内」のこととなったのです。すると今度は、天の現象が予測可能であれば、天の影響を受ける地の現象、特に個々人の将来も予測できるはずだという考えが生まれます。これが宿命占星術となったのです。

宿命占星術が発展したのは、バビロニア占星術が伝えられた古代ギリシャ、そして古代ローマの時代でした。そこで重視された天体は、太陽と月、そして肉眼で見える五つの惑星である水星、金星、火星、木星、土星です。これら七つの星が、人間の生まれた瞬間にどんな位置関係にあったかによって、その人の運命が決まるとされました。また、近代になって天王星《てんのうせい》以遠の惑星や太陽系の小天体が望遠鏡で発見されると、これらの天体の位置も占いに考慮されるようになりました。ちなみに、私たちが星占いで「何々座生まれ」というのは、生まれた時に太陽がどの星座の近くにあったかを表しているものです。いわゆる星占いは、生まれた時の太陽の位置だけで運勢を占っているもので、本格的な西洋占星術（ホロスコープ占星術）の簡易版に相当します。西洋占星術の具体的な技法もなかなか興味深いのですが、紙幅の関係もあるのでここでは紹介を割愛しましょう。

占星術は古代ローマ時代に一大隆盛期を迎えましたが、キリスト教の普及とともに迷信として禁止・弾圧され、いったん下火になります。十一世紀以降、アラビア世界からヨーロッパに逆輸入された占星術は再び流行しましたが、占星術が本当に「学問（科学）」なのかどうかをめぐって、ルネサンス期には激しい論争がおこなわれたようです。

十七世紀になってニュートンたちの手によって近代科学が成立し、自然現象を物質の運動として説明する機械的自然観が普及すると、占星術は科学の座から脱落してしまいます。しかしその後も占星術はいわゆるサブカルチャーの中で脈々と生き続け、現在に至っているという次第です。

まったく異色な「合理的宇宙観」の登場

ここまで、古代のひとびとが宇宙とどう関わり、宇宙をどう見てきたのかを紹介してきましたが、古代人にとってあらゆる自然現象は「神」の手によるものでした。天地や万物の創造も、あらゆる天変地異の発生も、すべては神々の意思や行為によるものだと考えられていたのです。そうした神々の意思や行為を綴《つづ》ったものが神話であり、神々の意思を知ろうとする学問が天文学だったのです。どれだけ高度な文明を誇った民族であっても、それは同じでした。

ところが、今からおよそ二五〇〇年前、古代ギリシャの地に突如としてまったく異色の宇宙観が登場します。そうした宇宙観を生んだ、人類史上に輝く革命的な思想を「自然哲学」といいます。

自然哲学では、さまざまな自然現象を神の手によるものだとは考えませんでした。「これは偉大な神の手による奇跡なんだ」といってしまえば、どんなつじつま合わせも可能ですよね。そうではなく、もっと合理的な説明方法はないものかと古代ギリシャのひとびとは考えたのです。世界や宇宙のしくみを、偉大なる神だけではなくちっぽけな人間にも理解できるものとしてとらえた思想、それが自然哲学というものでした。

そうした自然哲学者たちは、世界や宇宙の構造について合理的に考察した結果、すばらしい発見を次々とおこなっていきました。大地が何にも支えられずに宇宙空間に浮いていること、大地が球体であること、太陽が地球よりもずっと大きいこと、そして地球が太陽のまわりを回っていること、などです。

でも、同じ「古代」に生きながら、どうして古代ギリシャの人たちだけが、こうした合理的な宇宙観にたどり着いたのでしょうか。彼らは宇宙のしくみを説明する民族の神話を持たなかったのでしょうか。

もちろん、そんなことはありませんよね。彼らが持っていたのは、世界の神話の中でも有数の豊かさと魅力に溢れるギリシャ神話です。自然哲学が生まれる前、ギリシャのひとびとは他の民族と同じように、神話に基づく自然観・宇宙観を抱いていたのです。

ではなぜ、彼らは魅力的な神話を捨てて、宇宙のしくみを説明する新たな方法を考えるようになったのでしょうか。それらについては、次の章でお話ししましょう。

それでは、今晩はこのあたりで。おやすみなさい。

第三夜

合理的な宇宙観の誕生

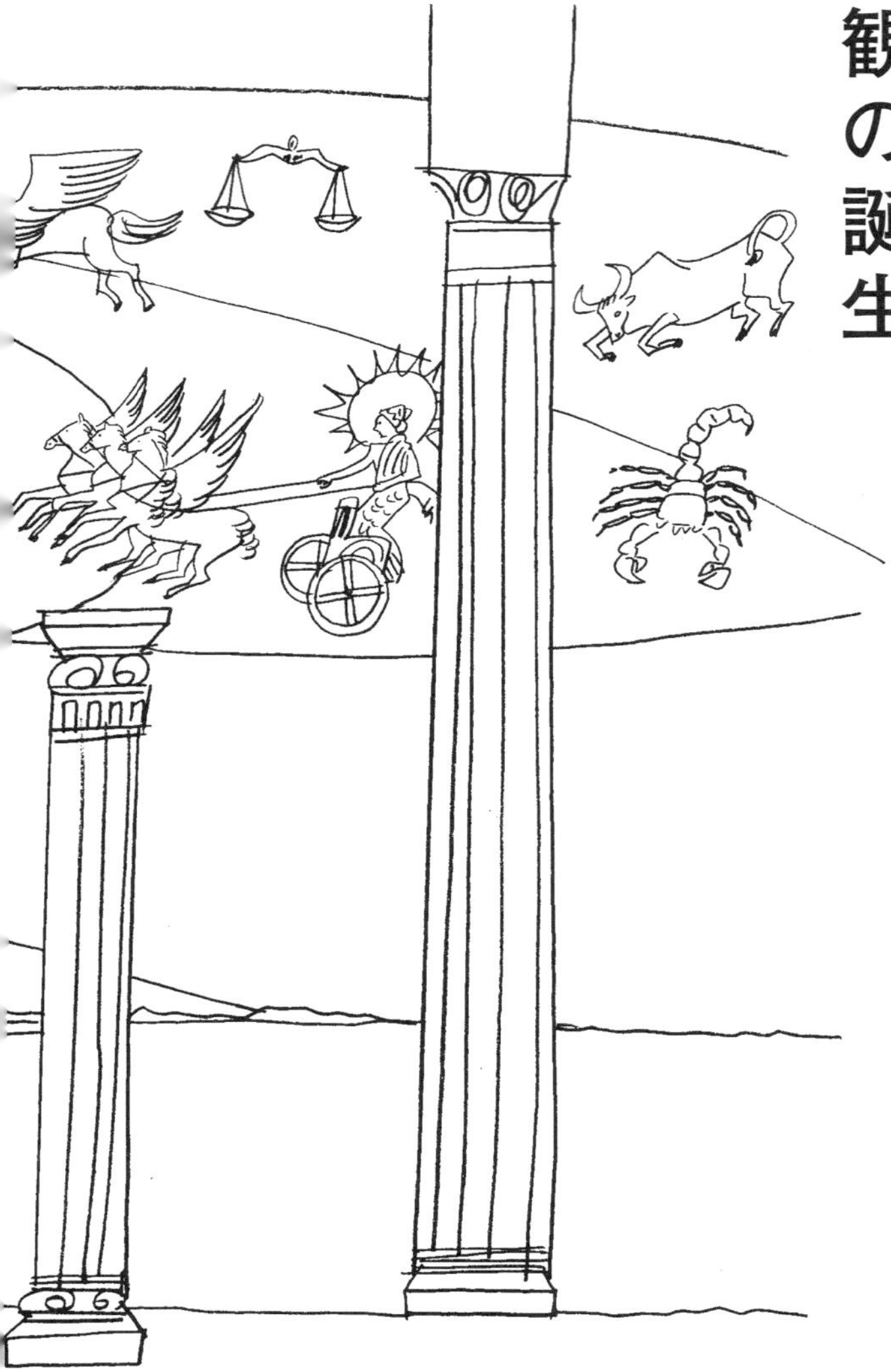

ギリシャ人とトロイ伝説

今夜は、古代ギリシャから古代ローマまでの宇宙観についてお話ししましょう。

そもそもギリシャ人の祖先たちは、ヨーロッパの内陸部で牧畜を営んでいた民族だったそうです。彼らがエーゲ海周辺の地域に移り住んだのは紀元前二〇〇〇年頃からだとされています。この地に存在していたトロイやクレタなどの古代文明を滅ぼし、征服した民族を奴隷にして、ギリシャ人は勢力を拡大していきます。

彼らは集落の周囲に城壁を築き、そこを中心とした「ポリス」と呼ばれる都市国家をいくつも形成しました。さらにエーゲ海を越えて小アジア（現在のトルコ）から地中海世界にまで植民地化を進め、また周辺の民族と交易をおこなったそうです。

さて、前章（第二夜）の最後にお話しした「自然哲学」が生まれたのは、紀元前七世紀頃のことです。でも、その少し前に、古代ギリシャを代表する二人の詩人、ホメロスとヘシオドスが登場します。

紀元前九世紀頃に活躍した盲目の詩人・ホメロスの代表作は、トロイ戦争について記した長編叙事詩『イリアス』と『オデュッセイア』です。『イリアス』の中では、ギリシャ人の一派であるアカイア人が有名な「トロイの木馬」の計によってトロイを滅ぼしたという話が書かれています。でも、これは単なる伝説であって、トロイ文明の存在やトロイ戦争は歴史上の事実ではない、と歴史家たちは考えていました。

しかしドイツの実業家**シュリーマン**は、少年時代に聞いたトロイ伝説を信じていました。そこで彼は、遺跡発掘の費用を得るために貿易業に勤《いそ》しんで巨万の財をなすと、四十一歳で事業を畳《たた》み、念願のトロイ発掘に乗り出します。そして八年後の一八七一年、ついにトロイ遺跡を探し当てたのです。その信念と情熱には驚かされるばかりですね。

一方、紀元前八世紀頃の人とされるヘシオドスの代表作は『神統記《しんとうき》』と『仕事と日』です。『神統記』にはギリシャの神々の誕生と系譜が記され、また『仕事と日』はさまざまな神話や格言が引かれた教訓詩になっています。

ギリシャ神話における宇宙観

ホメロスやヘシオドスの叙事詩に詠《うた》われた内容を土台とするのが、西洋文化共通の古典神話となっている**ギリシャ神話**です。その中では人間的な魅力を持つ神々が活躍する、神話的な宇宙観が描かれています。

古代ギリシャの主要都市
黒海
トロイ
エーゲ海
ミレトス
クロトン
アテネ
スパルタ

ホメロス
ヘシオドス
シュリーマン

たとえば『神統記』では、主神ゼウスの娘である詩の女神ムウサが世界と神々の誕生を次のように語っています。古代ギリシャのひとびとにとって、世界の誕生とはすなわち神々の誕生と同じことでした。

最初に生じたのは、混沌《こんとん》である「カオス」でした。カオスから大地（ガイア）、地下世界、そして愛（エロス）が生まれます。さらにカオスから闇と夜が生まれ、エロスの手引きにより闇と夜が契り、光と昼を生むのです。

一方、ガイアは一人で天と山々と海を生み、さらに海と契って一二の神々（ティタン神族）を生みます。その末弟クロノスの末っ子がゼウスです。ゼウスはやがてオリンポスの神々の軍勢を率いてティタン神族を破り、天界の王の座に就くのです。

このように、ギリシャ神話では混沌から大地が生まれ、大地から天や山や海などが生まれたことになっています。古代ギリシャのひとびとは、植物を育て、豊かな実りをもたらす大地を万物の母として崇《あが》めていたのでしょうね。

ホメロスやヘシオドスの時代には、ギリシャのひとびとは他の民族と同じく、神話的な宇宙観の中で生きていました。ところがその後ほどなくして、ギリシャのひとびとの宇宙像は大きく転換していきます。それまで信じてきた神話に対する疑問が生まれ、ひとびとは神に頼らずに宇宙のしくみを理解する試みを始めるのです。

そこには、古代ギリシャの地に生まれた一つの政治形態が深く関係しています。政治と宇宙が関係するなんて、びっくりしますよね。でも**民主主義**というまったく新しい政治形態が古代ギリシャで生まれなければ、合理的な宇宙観もおそらく生まれなかったのです。

民主主義への移行がもたらした神話への疑問

民主主義を英語で**デモクラシー**といいます。これは古代ギリシャ語で人民を表す語デモスと、権力を意味する語クラティアが合わさった「デモクラティア」が語源です。

初期のギリシャの各ポリスでは、他の古代の国々と同じように、王や貴族が広大な土地を所有し、一般の民衆を支配していました。ところが、商工業を営む民衆の中から巨万の富を得る者が現れるようになります。彼らは手織物や陶器などを生産し、それらを海上交易によって近隣諸国に輸出することで富を蓄えていったのです。

また初期のポリスでは、他のポリスとの戦争が相次いでいました。そこで経済的に豊かな商工業者や農民たちは自ら武器を購入して、兜《かぶと》や鎧《よろい》に身を包み、貴族とともに戦闘に参加しました。その結果、一般の民衆は政治的な発言力を強め、ポリスの政治を独占していた王や貴族に対して参政権などを要求するようになったのです。

こうして民主主義への移行が始まり、王や貴族の力が弱まっていくと、ひとびとは神話に疑問を持つようになります。なぜなら神話には「支配者のための物語」という側面があるからです。

「われわれの王は、この世界を造った偉大なる神の正統な子孫であり、神から支配者としての地位を賜っている。だから民衆は王に従うべきである」

こうした記述が、どの民族の神話にもほぼ間違いなく存在します。王は自らの支配の正当性を示すために神話を編纂《へんさん》し、神話に基づいてひとびとを支配しました。したがって王や貴族などの特権階級が力を失えば、神話を信じる人も少なくなるのです。

また、海上交易をおこなっていた商工業者たちは、商船に乗って異国の港に行き、そこで各地の神話を耳にしました。すると、神話によって内容がまったく違うのです。前章（第二夜）で、神話の中に描かれている宇宙観・世界観には地域性が強く表れていることをお話ししましたよね。つまりどの神話も結局は狭い世界観に基づいていることに、ギリシャのひとびとは気づいたのです。

「どの神話も疑わしいみたいだ。いったい本当のことは、究極の真実は、何なのだろう」

そうして生まれたのが、神話に頼らず、人間の頭で理解できる合理的な思考を積み重ねて真実を探ろうとする**自然哲学**だったのです。

万物の根源は水だと考えたタレス

自然哲学の祖とされるのは、ギリシャ人の一派であるイオニア人の**タレス**という人です。タレスが住んでいたのは現在のトルコの西部にあった港町ミレトスで、当時もっとも栄えていたポリスでした。

タレスが考えたのは、世界の**アルケー**は何か、ということでした。アルケーは始原と訳されます。始まりであり、原理であるもの、それがアルケーです。

タレスは「水」がアルケーだと考えました。水は生命にとって欠かせないものであり、またさまざまな場所に存在し、いろいろな形をとることができます。したがって万物の根源は水であり、万物は水から作られたと結論づけたようです。

神話の中にも、世界が水から生まれたとするものがたくさんあります。これは「水の神」から世界が生まれたという発想です。一方、タレスのいう水は、もっと物理的・物質的なものを指しています。でも完全に物質的なもの、いわば「死んだモノ」ではなく、その中に生命的なものを含む「生きたモノ」として認識していたようです。

またタレスは、大地は水の上に浮かんでいるという世界観を持っていました。地震が起きるのは、水の上に浮かぶ不安定な大地が揺れるためだと説明しています。ギリシャ神話では、海神ポセイドンが大地を揺らすために地震が起きるのだと説明していました。タレスの説明は、科学的に正しくはありませんが、神話的な説明手法を排除して合理的に自然現象を理解しようと試みた点で画期的です。

タレスは天文学や数学にも明るく、当時起きた日食を見事に予言したそうです。一方で貧しい生活をしていたために、周囲の人から「自然哲学など何の役にも立たないではないか」と批判を受けたことがありました。そこでタレスは、天体観測に基づいて翌年のオリーブが豊作になることを予想し、オリーブから油を搾る機械を大量に買い占めておきました。予想は見事に当たり、タレスはその機械を高く売って莫大《ばくだい》なお金を手に入れてみせたのだそうです。

宙に浮いた大地を想像したアナクシマンドロス

タレスは万物の根源・アルケーを水だと考えました。でも、たとえば熱く燃える火は、冷たい水とは性質がかなり違います。水がアルケーだとすると、熱い火も冷たい水から生まれたことになるので、それはおかしな話だと、タレスの弟子だった**アナクシマンドロス**

は考えました。

そこでアナクシマンドロスは別のものをアルケーだと主張しました。それは「ト・アペイロン」というもので、「無限なもの、規定されないもの」という意味です。水や火などこの世に存在するあらゆる物質の性質をすべて有する存在、それがト・アペイロンだとアナクシマンドロスは考えました。これはギリシャ神話で語られる原初のカオス（混沌）をイメージしたものだともいえるでしょう。カオスから世界が生まれたように、ト・アペイロンからあらゆるものが作られたというのです。

さらにアナクシマンドロスは、独自の宇宙誕生論を提唱します。宇宙の最初にあったものは、ト・アペイロンです。やがてト・アペイロンは冷たい「霧」と、それを取り巻く「炎」に分かれます。霧の部分が固まって大地になり、炎の部分が天となります。大地はぶ厚い円盤のような形をしていて、何にも支えられずに宙に浮いています。一方、炎である天は、ちょうど浮き輪のような形をしていて、大地の外を囲んでいます。その「浮き輪」にはいくつもの小さな穴が開いていて、そこから内部の炎が見える様子が、太陽や月、星などの天体の輝きとして見えるのだというのです。日食や月食が起きるのは、この穴が一時的にふさがるためだとアナクシマンドロスは説明しました。

アナクシマンドロスの宇宙観はとてもユニークですが、特に画期的なのは、大地は何に

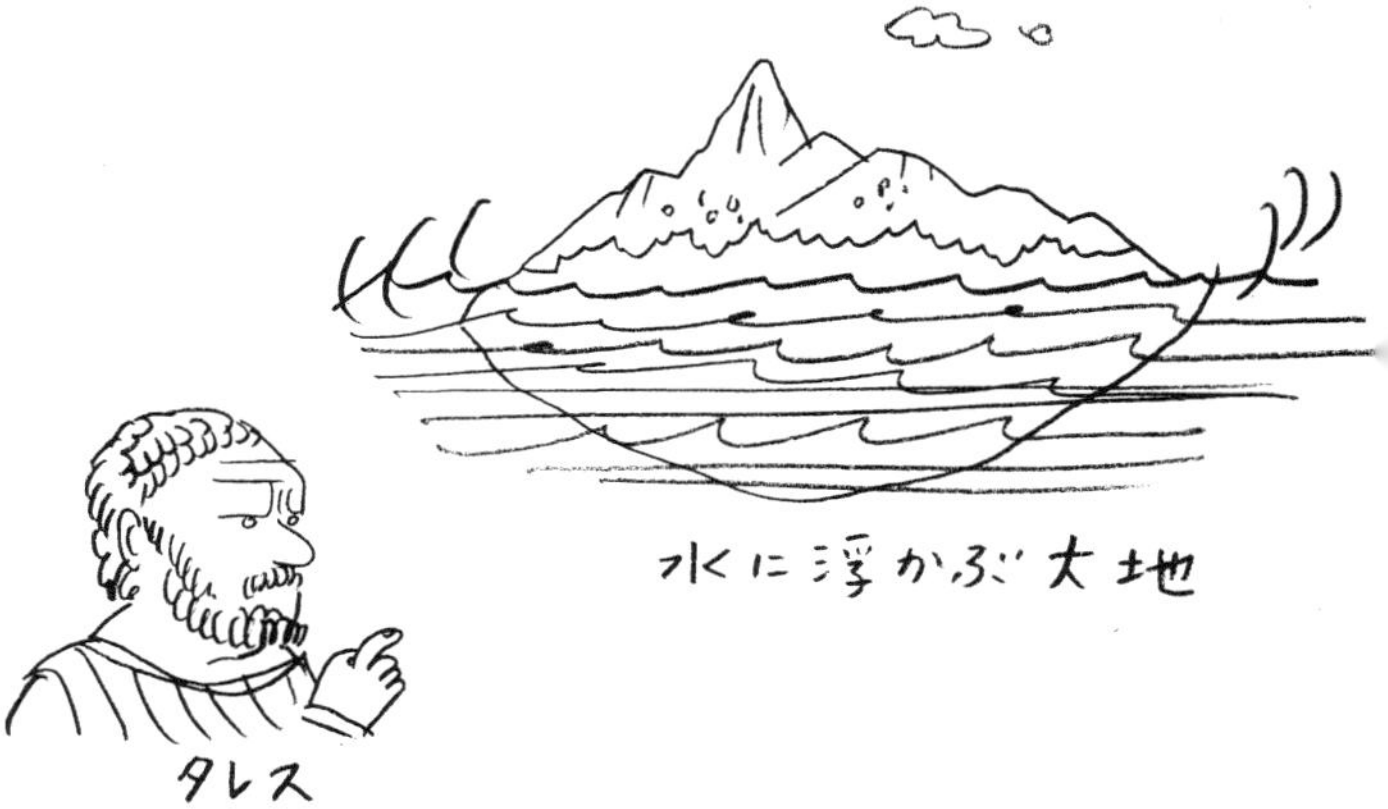
水に浮かぶ大地
タレス

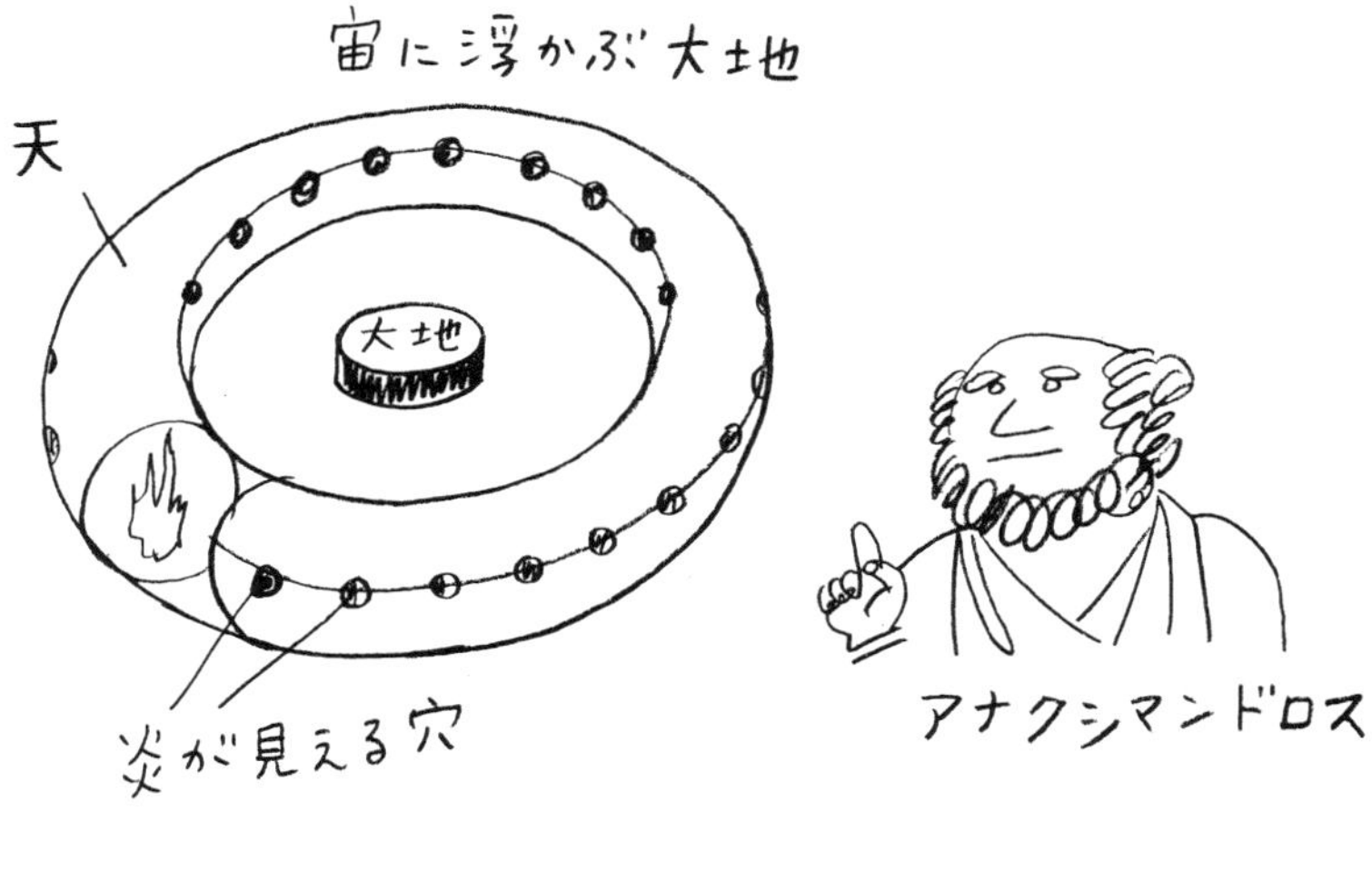
宙に浮かぶ大地
天
大地
炎が見える穴
アナクシマンドロス

も支えられずに宙に浮いていると考えたことです。その理由を「大地が万物から等しく隔たっているためだ」とアナクシマンドロスは説明しました。大地は浮き輪状の天の中心にあり、天のどの部分からも等しい距離にあるので、いわば「どちらの方向にも落ちずに」浮いていられるのだというのです。この説明は科学的には誤りですが、自然現象を合理的に説明しようという姿勢は、師のタレスと同じく革新的だといえます。

ちなみにアナクシマンドロスは、人間は魚を祖先として誕生したという、一種の進化論のような説も唱えています。神話によらずに宇宙や生命の誕生を説明し、宇宙に浮かぶ地球の姿や生命の進化の歴史を予想する、たぐいまれなる想像力の持ち主だったのですね。

「大地は球だ」と最初に主張したピタゴラス

さて、アナクシマンドロスは大地の形を円盤だと考えました。これに対して「大地は丸い球の形をしている」と考えたのが、数学者として有名な**ピタゴラス**です。大地が球である、つまり**地球説**を世界で最初に主張したのがピタゴラスなのです。

ピタゴラスはミレトスに近いサモス島に生まれ、数学を学ぶためにエジプトに留学しました。その後、南イタリアの植民市クロトンに住み、ここで一種の宗教組織を立ち上げます。ピタゴラスと信者たちは「輪廻転生《りんねてんせい》」を信じ、魂を浄化して肉体の束縛から逃れ、来世では天上界に至ることを願っていました。そこで厳格な戒律を定め、禁欲的な生活を送ったのですが、同時に数学の研究にも力を注ぎました。数学は宇宙の真理や秩序を表すものである、だから数学を研究すれば宇宙の真理を知り、魂が浄化されるのだとピタゴラスたちは考えたのです。

ピタゴラスたちにとって、万物の根源アルケーは「数」でした。すべてのものは変化し、生まれては消滅しますが、数だけは永久不滅の存在です。したがって数学を究めれば、宇宙のしくみをすべて理解できるのだ、とピタゴラスたちは信じたのです。

そんなピタゴラスが「大地は球形だ」と主張したのは、球がもっとも完全で美しい立体だと考えたからです。円や球を崇高で理想的な形だとする発想も、さまざまな文明に見られます。これは円や球の対称性（シンメトリー）によるものとされます。私たちは左右対称になっているものを目にすると、幾何学的な美を感じるのですね。そして上下左右を入れ替えても、回転させても形が変わらない円や球は、まさに究極の美だといえます。

ところで、海上交易をおこなっていたギリシャの人たちは、船が港に入る際、山の頂上など陸地の高い部分から先に見え始めることを知っていました。あるいは、場所によって星の高さが違って見えることもわかっていました。これらは大地が平らではなく、湾曲していることを示しています。

でも、この場合、大地は完全な球体ではなくて半球状だと考えてもいいはずです。でもピタゴラスはあえて「大地は球形だ」と主張しました。それは理論的に考えた結果のものではなくて、「宇宙は数学的な真理や秩序、美によって貫かれているはずだ」という固い信念に基づいたものだったようです。

それから二〇〇〇年後、ケプラーやニュートンの手によって、天体を含めた物体の運動は簡単な数式で表せることが発見されます。数こそが宇宙の真理、秩序であるというピタゴラスの信念は、見事に正しかったのです。

アテネの繁栄と三大哲学者の登場

さて、舞台はいよいよ古代ギリシャの文化の中心地、**アテネ**に移ります。古名をアテナイといい、ミレトスなどと並んで古くから栄えたポリスの一つでした。

紀元前五三〇年、ミレトスなどイオニア人の諸ポリスは古代イランの超大国であるアケメネス朝ペルシャに征服されます。さらにペルシャはエーゲ海の海上交易における覇権を奪うべく、紀元前五世紀に入って三度にわたり、大軍をギリシャに送りこみました。ギリシャはアテネやスパルタなどの有力ポリスを中心に連合軍を組織して対抗し、ここにペルシャ戦争が勃発します。マラソンの起源とされる故事で有名なマラトンの戦い、そしてサラミスの海戦などでギリシャ連合軍は勝利し、ペルシャの撃退に成功するのです。

サラミスの海戦では、船の漕《こ》ぎ手として活躍した貧しい市民たちがギリシャを勝利に導きました。そのため、戦争後に彼らは政治的な発言力を強めていきます。そしてついには女性と奴隷を除いた全市民に政治参加の権利が与えられて、民主政治の最盛期を迎えたアテネは繁栄を極めます。

しかし他のポリスを圧倒するアテネへの不満が次第に高まっていきます。ついに紀元前四三一年、ライバルの軍事大国スパルタとの間で戦争（ペロポネソス戦争）が起こり、アテネはこれに敗れて衰退していくのです。

古代ギリシャの三大哲学者といえば、ご存じの通り、ソクラテス、プラトン、そしてアリストテレスです。その最初の人、**ソクラテス**が登場したのはペロポネソス戦争期のアテネです。ソクラテスは兵士としてスパルタとの戦争に従軍し、大いに活躍したそうです。しかしアテネはスパルタに敗れて占領され、ひとびとの間で政治的・社会的な不安が高まります。そうした中でソクラテスは「真理とは何か」と問いかけ、知識人とされるひとびとと対話し、相手の迷信や偏見、思いこみを打破していきます。そのために多くの人の反感を招き、「ポリスの神を信じず、青年たちを堕落させた」という罪によって死刑を宣告され、毒杯を仰いで死ぬのです。

ソクラテスが関心を寄せたのはおもに人間の魂の問題であり、宇宙については何も触れませんでした。むしろ、宇宙の問題を考える者は言語道断だと切り捨てたといいます。

タマネギ型の宇宙を想像したプラトン

一方、ソクラテスの弟子である**プラトン**は、天文学と宇宙論に深い関心を持ちました。それはプラトンの哲学の本質と関わりがあります。

プラトンの哲学は、個々のモノの背後にはその本質である「イデア」が存在するという**イデア論**を中心としています。たとえば、個々の机、個々の人間はみんな違った姿や形をしていて、どれが正しいとか、どれが完璧とかはありませんよね。でも、私たちは「机のイデア」や「人間のイデア」、つまり机とはどういうものか、人間とはどういうものかを知っているので、これは机だ、これは人間だとわかるのです。別の見方をすると、現実の世界にある机や人間は、それぞれのイデアの「不完全なコピー」なのですね。

そして私たちが住む現実の世界は、天の上にあるイデア界のコピーであり、イデア界こ

ピタゴラス
ソクラテス
プラトン

そが理想の世界だとプラトンは考えました。ですからプラトンにとって、天すなわち宇宙は理想の場所であり、宇宙のしくみを探ることはプラトンが最高のイデアだと考えた「善のイデア」を追究することだったのです。

さて、プラトンが考えた宇宙は、球体である地球が宇宙の中心に浮かんでいるという姿です。地球が何の支えもなしに浮いている理由については、「宇宙全体は均質なので、中心にいる地球はどちらの方向にも偏らずに静止していられるのだ」と説明しました。これは先ほどお話ししたアナクシマンドロスと似たような考え方です。一方、宇宙の構造については、タマネギの皮のように何層にも球が重なったものを考えました。太陽や月、惑星や恒星はこれらの天球面の上に張り付いていて、天球の回転とともに移動するのです。

一番外側の天球には無数の恒星が張り付いています。その内側には土星、木星、火星の天球が順番に並び、一番内側には月の天球があります。この順番は、それぞれの天体の見かけの速度から決められました。同じ速度で動いている場合、遠くのもののほうが近くのものよりも見かけの速度（専門的には角速度といいます）が小さくなります。そこで各天体の見かけの速度から遠近を判断し、こうした順番にしたのです。

でも、太陽と水星、金星は見かけの速度がさほど違いません。そこでもっとも明るい太陽が月の次に地球に近く、続いて明るい金星、そして水星という順番を考えました。

こうして、中心に地球があり、その周囲をいくつもの天球が取り囲むという「タマネギ型」の宇宙モデルが唱えられました。これを**地球天球説**といいます。のちに、太陽は全天球の支配者なので、複数ある天球のうちの中央にあるべきだと考える人が多くなりました。そこで水星と太陽の天球を交換して、地球から近い順に、月、水星、金星、太陽、火星、木星、土星、恒星の各天球が並ぶというモデルが登場します。この順番は近世に至るまで西洋で主流の考えになりました。

二七個の天球が複雑に回転する宇宙

プラトンは「タマネギ型」の宇宙の構造を考えましたが、これには重大な欠点がありました。このモデルでは惑星の運行の様子を正しく説明できないのです。

恒星や太陽、そして月は、ほぼ円形の軌道を描いて天球上を規則正しく動いていきます。これに対して軌道上をときどき逆向きに進むという、奇妙な動きをする星があることに古代ギリシャのひとびとは気づいていました。そこでギリシャ語で「さまよう人」という意味の「プラネテス」と呼んだのが英語の「プラネット」、すなわち惑星です。

惑星が奇妙な動きをするのは、太陽のまわりを回る公転速度が地球と他の惑星との間で異なるためです。公転速度は、太陽から遠い惑星ほど遅くなります。そのために、水星や金星は地球をときどき追い越し、逆に火星や木星、土星はときどき地球に追い越されます。この時、地球から見ると惑星は普段とは逆向きに進むように見えます。自動車に乗っていて車道の脇を走っている自転車を追い越す時、近づいてくる自転車があたかもバックしているように見えるのと同じことです。これを惑星の**逆行**《ぎゃっこう》といいます（次ページの図を参照）。

私たちは地球や他の惑星が太陽のまわりを回っていることを知っているので、惑星の逆行を簡単に説明できます。しかし、プラトンが考えた地球天球説に基づいて、つまり地球が宇宙の中心に静止していると考えて惑星の逆行を説明することは、非常に困難でした。そこでプラトンの弟子である**エウドクソス**は、かなり複雑なモデルを考案しました。それは一つの惑星の動きを、異なる回転軸と回転速度を持つ複数の天球を組み合わせて表そうというものです。

たとえば二層の天球を考え、外側の天球はちょうど北極と南極とを貫く回転軸のまわりを回転しているとします。内側の天球は、三〇度傾いた回転軸で外側の天球とつながり、やはり回転軸のまわりを回転しているとしましょう。そして惑星がこの内側の天球上に張り付いているとすると、その軌道は単純な円軌道ではなく、かなり複雑になります。このように天球をいくつも組み合わせれば、理論的にはどんな複雑な動きも表現できるのです

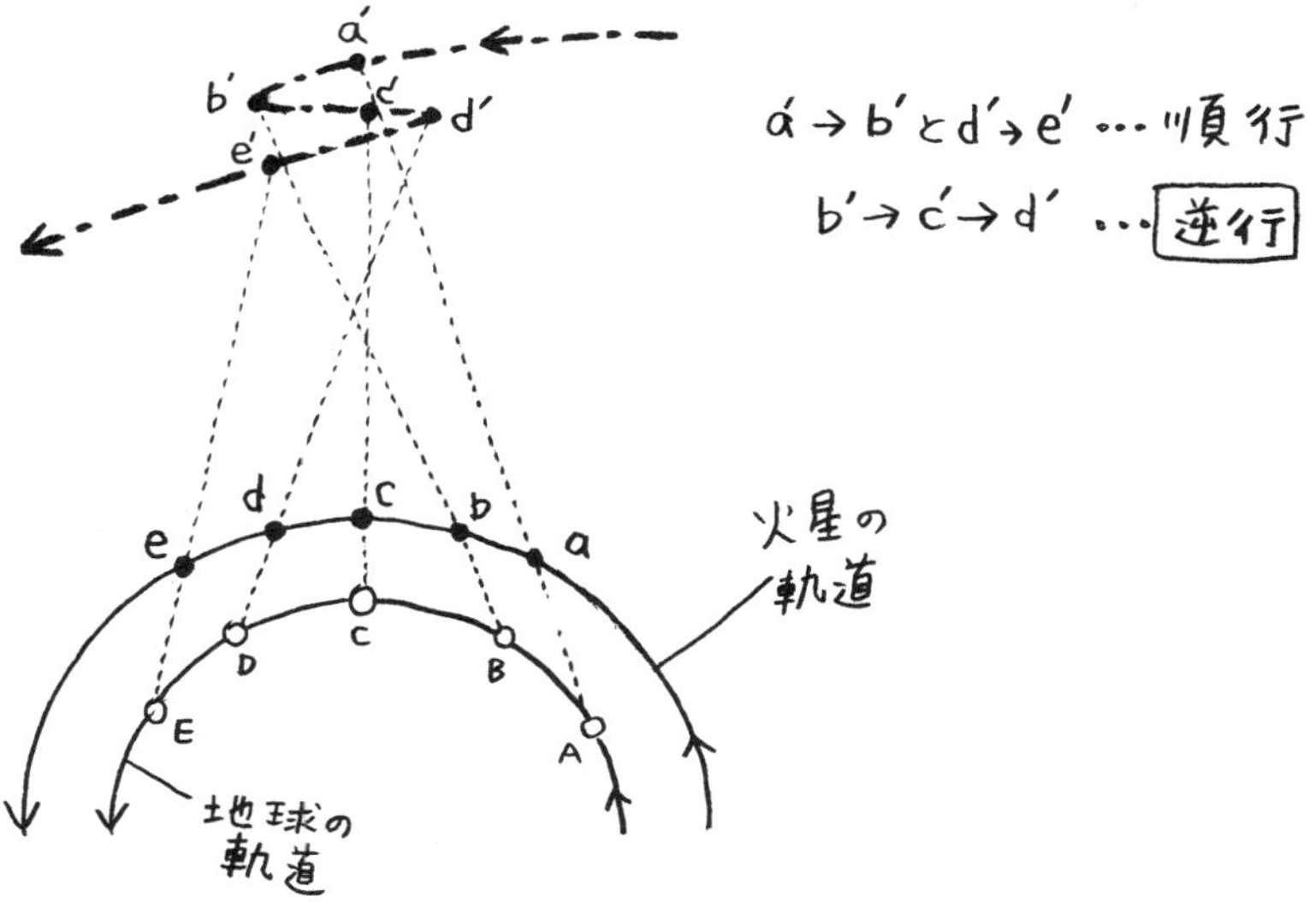
a′
b′
c′
d′
e′
a′→b′とd′→e′…順行
b′→c′→d′…逆行
e
d
c
b
a
D
C
B
E
A
火星の
軌道
地球の
軌道

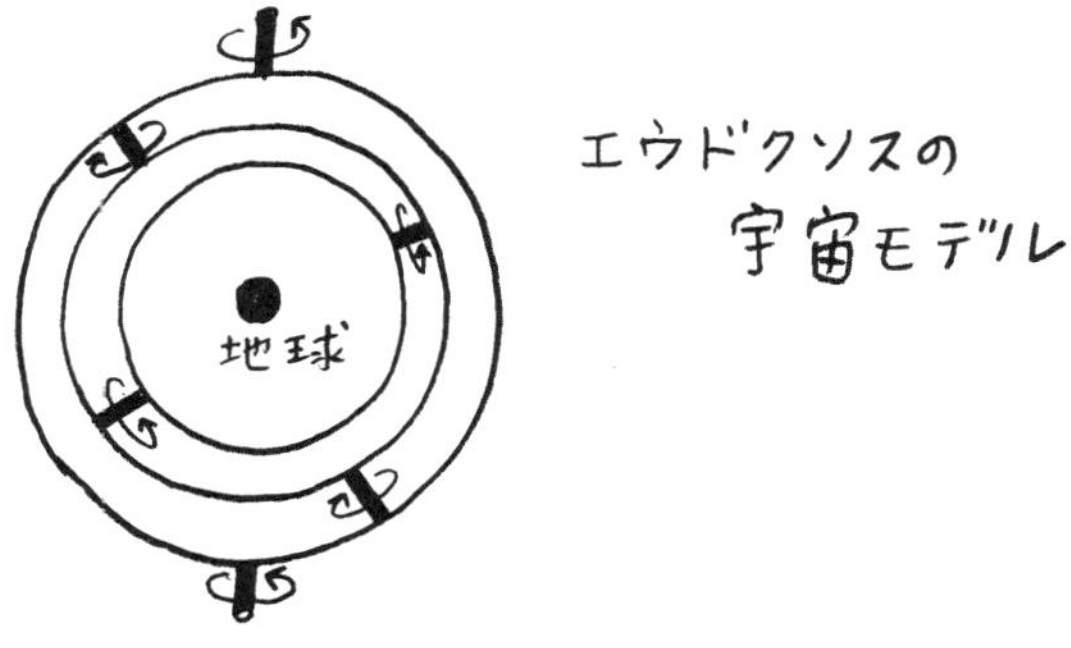
地球
エウドクソスの
宇宙モデル

ね。エウドクソスはこんなふうに、合計二七個の天球の運動を組み合わせることで、惑星の複雑な動きを説明したのです。

宇宙は永遠不滅だと唱えたアリストテレス

プラトンとエウドクソスが提唱した地球天球説は、プラトンの弟子である**アリストテレス**に引き継がれました。しかしアリストテレスは師の説をそのまま受け入れることはせず、それを乗り越える新たな宇宙観を示します。

そもそもアリストテレスは「現実の世界とは別の場所にイデア界なるものがあるわけではない」と主張して、プラトンのイデア論自体を批判しました。個々のモノの本質は天の上のイデア界にあるのではなく、個々のモノの内部にあると考え、この現実の世界こそが真に実在する世界だと主張したのです。

したがって現実の世界、つまり自然界を研究し、その内部にある本質や法則性を見抜くことが、アリストテレスにとって重要なことでした。アリストテレスが哲学や倫理学、論理学などに加えて、天文学や気象学、動植物学など自然研究にも多大な業績を挙げ、「万学の祖」と呼ばれるのはこのためなのです。

アリストテレスは、私たちの現実世界は四つのおもな要素（元素《げんそ》）によって成り立っていると考えました。それは火、空気、土、そして水の四元素です。これらは「温かい」か「冷たい」か、そして「乾いている」か「湿っている」かという、対立する二組の性質の組み合わせでできています。火は「温かくて乾いたもの」、空気は「温かくて湿ったもの」、土は「冷たくて乾いたもの」、水は「冷たくて湿ったもの」という具合です。そしてこの四元素を適当な割合で混ぜ合わせることで、万物が作られるとしたのです。

しかし、天の世界だけは違います。天の世界は第五の元素であるエーテルから作られている特別な世界だとアリストテレスは考えました。イデア界を想像したプラトンとは別の意味で、アリストテレスは天を神聖視したのですね。

エーテルという名前は「いつも走っている」という意味のギリシャ語アイテールに由来します。星々が休むことなく動き続けていることからつけられた名前です。地上の物質が形を変えたり消えたりするのに対して、エーテルは生成することも消滅することもない、特別の物質だとアリストテレスは主張しました。そして、エーテルから作られている天の世界つまり宇宙は、永遠の過去から永遠の未来まで続いている、永遠不滅の存在だと唱えたのです。

一番外側の天球を回す「不動の動者」

さて、宇宙の構造については、アリストテレスはプラトンの地球天球説を受け継いでいました。つまり地球は宇宙の中心にあり、その周囲を太陽や月、惑星、恒星の各天球が回っているという「タマネギ型」の宇宙像です。

ただし、地球が宇宙の中心に位置する理由について、アリストテレスはプラトンとは違う説明をしました。それは「土でできた地球は重いので、宇宙のどの部分よりも下にある。だから地球は宇宙の中心で安定しているのだ」という考えです。重い物質は宇宙の中心に向かって「落下」し、軽い物質は反対方向へ「上昇」するという性質があるので、土でできた重い地球は宇宙の中心にいるのだ、という理屈です。アリストテレスは物体の運動のしくみから、宇宙の構造を説明したのです。

それは天の世界についてもいえます。地上の世界では、物体が落下・上昇する時がそうであるように、直線的な運動が基本となります。一方、天の世界では円運動が基本です。エーテルという永久不滅の元素で作られた星々が、円運動というどこまで行っても終わりがない運動を永遠におこなっているのが宇宙の姿だと主張したのです。

ところで、エウドクソスが二七個の天球からなる宇宙像を思い描いた際には、実際の宇宙がいくつもの天球からできているとは考えなかったとされています。エウドクソスのモデルはあくまで、惑星の不思議な動きを説明する上での数学的な方法にすぎなかったようです。たとえるなら、地球上における位置を数字できちんと表すために、地表面上には実際には引かれていない緯度線や経度線を考えるようなものです。

しかしアリストテレスは、天球は実際に存在し、それは水晶玉のようなものだと考えました。そしてエウドクソスのモデルを改良し、全部で五六個もの天球が複雑に動く宇宙像を考案したのです。

アリストテレスのモデルによると、一番外側の天球の回転が内側の天球に伝わり、その回転がさらに内側の天球に伝わる、というのを繰り返すことで全天球が回転します。では、一番外側にある天球、すなわち無数の恒星が球面上に乗っている「恒星天」は、何によって回転するのでしょうか。アリストテレスは恒星天を回転させる存在を考え、これを**不動の動者**と呼びました。自分は動かずに他者を動かすので「不動の動者」と名づけたのです。この「不動の動者」こそが天を動かす力であり、すべての運動の究極の原因である、というのがアリストテレスの運動論でした。

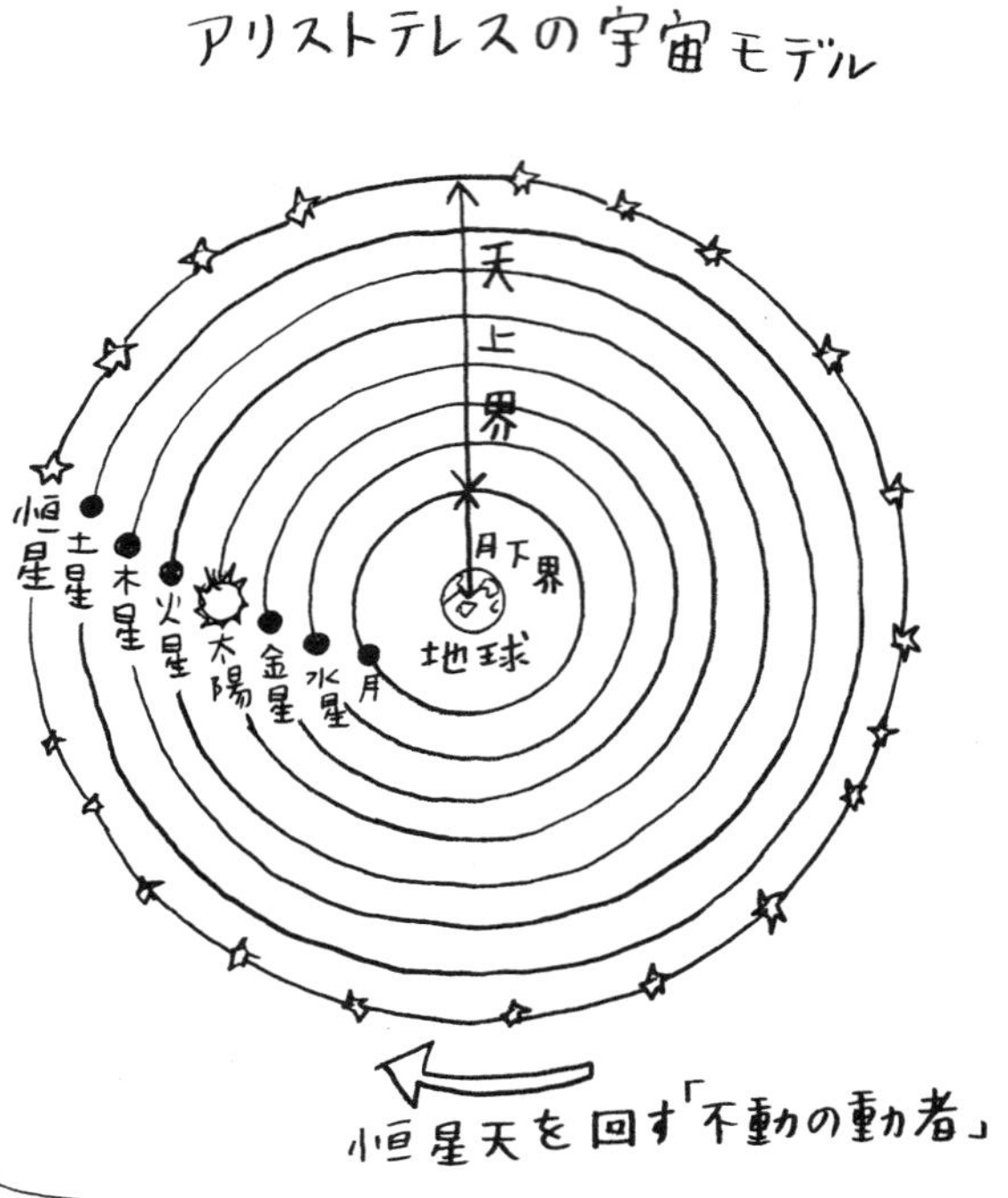
アリストテレスの宇宙モデル
天上界
月下界
地球
恒星
土星
木星
火星
太陽
金星
水星
月
恒星天を回す「不動の動者」

アリストテレス

新たな文化の中心地・アレキサンドリア

ソクラテス、プラトン、アリストテレスを輩出したアテネの晩年の輝きも、ついに消える時がやって来ました。アテネを含むギリシャの諸ポリスは紀元前三三八年、フィリッポス二世率いるギリシャ北方のマケドニア王国との戦争に敗れ、その軍門に降《くだ》ります。フィリッポス二世の息子が、アリストテレスが家庭教師をしていたことでも知られるアレキサンダー大王です。大王はエジプトやペルシャを征服し、さらにはインダス川を越えて東へ遠征し、東西四五〇〇キロメートルを支配する巨大な帝国を打ち立てました。

この世界帝国の成立により、ギリシャの思想が東方に伝わり、また東西文化の交流が盛んになります。この時代、またはこの東西融合文化を、ギリシャ人が自分たちを呼んだ「ヘレネス」という名にちなんで**ヘレニズム**といいます。じつは現在のギリシャの正式名称は「ヘレニック共和国」であり、ギリシャは通称にすぎないことをご存じですか。ギリシャという名はラテン語で「輝ける国」を意味する「グラエキア」に由来します。

アレキサンダー大王が紀元前三二三年に急死すると、世界帝国は部下たちによってマケドニア、シリア、エジプトに分割されます。これ以降、アテネに代わって文化の中心地となったのが、エジプトの新首都アレキサンドリアでした。エジプトを支配したプトレマイオス一世は、アレキサンダー大王とともにアリストテレスの教えを受けた人物だったため、学問や文化を奨励し保護したのだといわれています。

アレキサンドリアにはムセイオン（ミュージアムの語源）という王立研究所や、世界最大の七〇万冊の蔵書を誇る図書館が作られ、多くの学者が集まって研究に励みました。幾何学を体系化した数学者エウクレイデス（ユークリッド）や、浮力の大きさを示す「アルキメデスの原理」で知られる数学者・物理学者のアルキメデスなどがその代表格です。

月と太陽の大きさを測ったアリスタルコス

ヘレニズムの科学には、アテネの時代とは異なる特徴が見られます。一つは理論よりも観測や実験が重視されたこと、もう一つは数学の手法が駆使されたことです。

天文学においても同様でした。天体の位置や高度、大きさを測るためのさまざまな天体観測器が作られました。これによって得られたデータに幾何学を応用することで、ヘレニズムの天文学者たちは宇宙の構造を明らかにしようと試みたのです。

その先陣を切ったのが「古代のコペルニクス」と呼ばれる**アリスタルコス**です。アリスタルコスは月と太陽の大きさを測定して、太陽が非常に大きいことを知り、宇宙の中心にあるのは地球ではなく太陽かもしれないと考えました。つまりアリスタルコスはコペルニクスより一八〇〇年も前に**地動説**を考えたのです。

アリスタルコスが太陽や月の大きさを測った方法を説明しましょう。まずアリスタルコスは月食を観測しました。月食は月が地球の影に隠れる現象ですが、アリスタルコスはそれをちゃんと理解していました。皆既月食の際、月は地球の影に少しずつ隠れ、やがて月全体が隠れてしまい、しばらくすると再び姿を現し始めて元に戻ります。ということは、月は地球の影よりも小さい、すなわち地球より小さいことが予測できます。アリスタルコスは観測の結果、月は地球の大きさの約三分の一であると見積もりました。実際の月の大きさは地球の約四分の一なので、なかなかいい線です。

次にアリスタルコスは月の大きさを、角度（視角）で二度だと見積もりました。そうすると、地球から月までの距離は、地球の三分の一の大きさである月をどこまで遠くに置けば角度にして二度の大きさに見えるかということになり、計算で求められます。その結果、月までの距離は地球の大きさの約一〇倍であるとアリスタルコスは考えました。

しかし実際の月の大きさは、角度にして約〇・五度です。そこで計算し直すと、月までの距離は地球の大きさの約三〇倍になります。大きな誤差ですが、観測と計算により天体の大きさ、宇宙の大きさを科学的に測定したことの意義は計り知れません。

大きな太陽のまわりを小さな地球が回る宇宙観

続いてアリスタルコスは、地球から太陽までの距離と月までの距離との比を求めるためのすばらしいアイデアを示します。月が半月の時、太陽は真横から月を照らしています。そこで地球、太陽、月をそれぞれ頂点とする三角形を描けば、月を頂点とする角の大きさは九〇度です（次ページの図を参照）。したがって地球を頂点とする角の大きさ、別の言い方をすると地球から見て太陽と月との間の角度を測れば、自動的に太陽を頂点とする角の大きさも決まります。つまり三つの角の大きさがわかるので、相似形の三角形を描くことができて、各辺の比率、すなわち地球から太陽までの距離と月までの距離との比もわかるのです。

夕暮れ時に白い上弦《じょうげん》の月が東の空に上ったり、朝のうちに下弦《かげん》の月が西の空に残っていたりする様子をご覧になったことがあると思います。アリスタルコスはこの時の太陽と月の間の角度を測定し、八七度という数値を得て、地球から太陽までの距離は月までの距離の約二〇倍であると予想しました。しかし実際の角度は約八九・五度であり、太陽までの

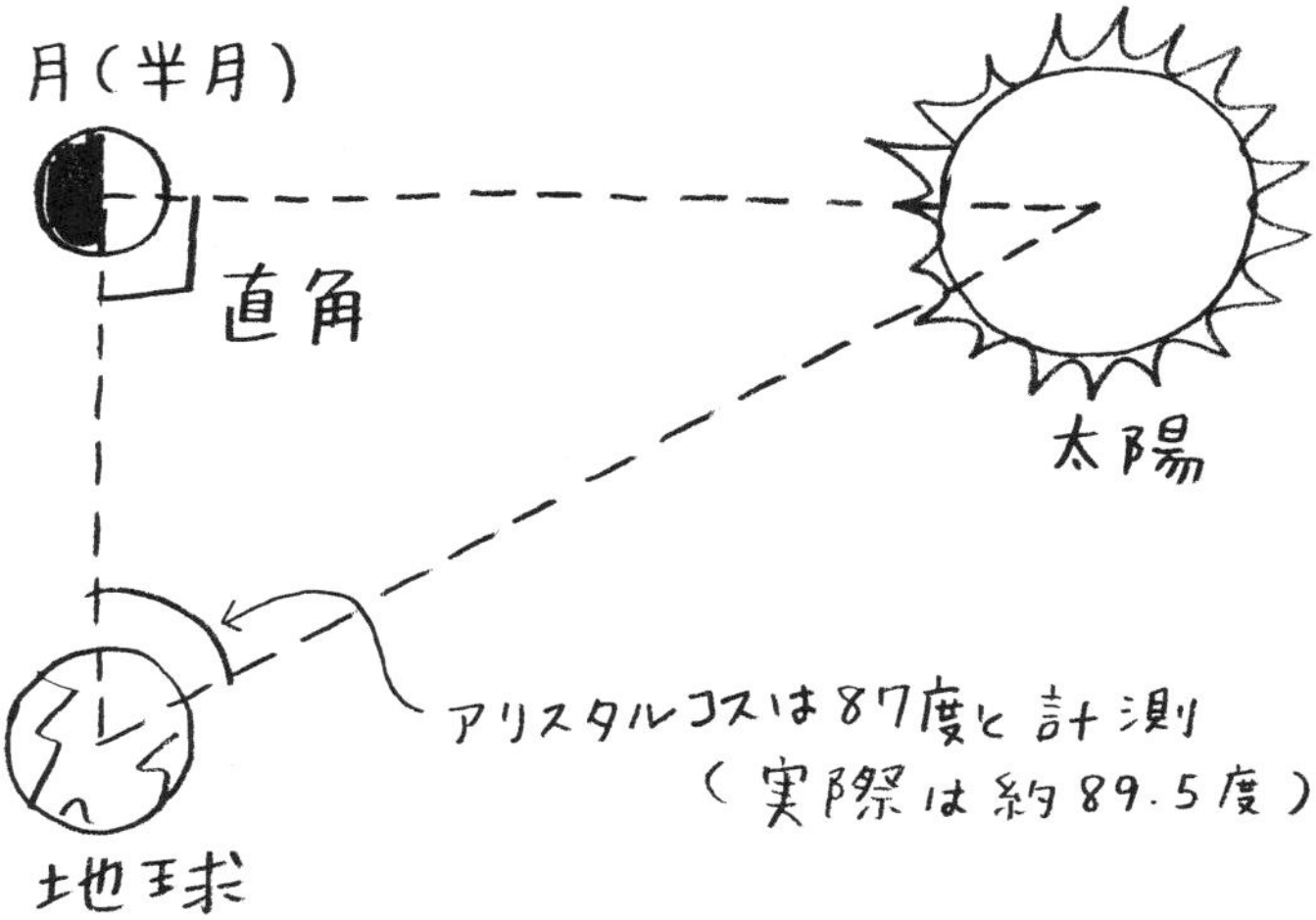
月（半月）
直角
太陽
地球
アリスタルコスは87度と計測
（実際は約89.5度）

アリスタルコス

距離は月までの距離の約三九〇倍になります。わずかな角度の差で大きな距離の誤差が生じてしまうのですが、角度の測定は難しいので、やむをえないでしょう。

さて、アリスタルコスが求めたように、地球から太陽までの距離は月までの距離の約二〇倍だとします。地球から見て、太陽と月の見かけの大きさはほぼ同じですので、月よりも二〇倍遠くにある太陽は、実際の大きさが月の二〇倍あることになります。一方で、先ほどの月食の観測により、月の大きさは地球の大きさの約三分の一だとアリスタルコスは考えていました。そうすると、地球は月の三倍の大きさで、太陽は月の二〇倍の大きさですから、太陽は地球の約七倍の大きさであると計算できます。実際には、太陽は地球の一〇九倍の大きさです。

七倍にしろ、一〇九倍にしろ、太陽が地球より大きいのであれば、宇宙の中心にあるのは太陽のほうではないかというのが、アリスタルコスが地動説を考えた理由です。でも、地球が太陽の周囲を回っているならば、どうして地球上にいる人間が地球の運動を感じないのか、誰にも説明がつけられませんでした。アリスタルコス自身、絶対に太陽が宇宙の中心にあると断言したわけではなく、天動説も地動説も数学的には説明可能だという言い方をしたそうです。そのため、「数学的には地動説という考えもありうるが、実際にはそんなはずはない」として、のちのひとびとから無視されたのです。

ヒッパルコスが発見した地球の首振り運動の影響

アリスタルコスの約一世紀後に活躍したのが、古代ギリシャ最高の天文学者とされる**ヒッパルコス**です。ヒッパルコスはエーゲ海南部のロードス島で四〇年もの間、精密な天体観測を続け、多くの業績を残しました。

その最初の業績は、**視差**《しさ》を使って月までの距離を正確に測ったことです。視差とは「ある物体や場所を異なる二つの地点から見た時の方向（角度）の違い」です。たとえば、顔の前で指を立てて、左右の目の一方をつぶって見れば、指と背景の景色との位置関係は右目と左目とで大きく変わります。これは左右の目の間の視差です。

ヒッパルコスは、地球上の離れた二つの地点から同時に月の中心を見て、その視差を測りました。視差に加えて、二つの地点の間の距離がわかれば、三角測量の方法を使って対象物までの距離が計算できます。ヒッパルコスが求めた月までの距離は、地球の半径の約五九倍というものでした。実際の月までの距離は地球の大きさの約三〇倍、つまり地球の半径の約六〇倍ですから、すばらしい精度で測定したことがわかりますね。

またヒッパルコスは詳しい星の地図、いわゆる星図《せいず》を作りました。約八五〇個の星の位置を記録し、もっとも明るい星二〇個を一等星、かろうじて見える暗い星を六等星として、明るさを六段階に分類したのです。これが現在も使われている星の等級（等星）の始まりです。現在では一等級変化すると明るさが約二・五倍、五等級変化すると明るさがちょうど一〇〇倍変化すると、厳密に定義されています。

そしてヒッパルコスの最大の業績は、地球の**歳差**《さいさ》による**春分点の移動**を発見したことです。地球は自転をしていますが、回転の遅くなったコマが首を振るように、自転軸の方向はゆっくりと変化しています。この首振り運動を歳差といいます。歳差のために、黄道《こうどう》（太陽の通り道）と天の赤道（地球の赤道を天球に投影したもの）との交点である春分点は、毎年わずかに移動します。ヒッパルコスはこの春分点の移動を発見しましたが、これが地球の首振り運動による影響だとは気づかなかったそうです。

なお、歳差のために、天の北極の位置は少しずつ変化しています。現在の天の北極はこぐま座のアルファ星のすぐ近くにあるので、私たちはこの星を北極星と呼び、方位を知る手がかりとしています。でもヒッパルコスの時代には、天の北極は現在の北極星からかなりずれた位置にありました。かつて大ヒットした韓流ドラマ『冬のソナタ』の中でヨン様は「ポラリス（北極星）を頼りにすれば、もう道に迷うことはないよ」といって微笑《ほほえ》みますが、じつはポラリスも長い時間をかけて動いているのです。ちなみに今から約八〇〇〇

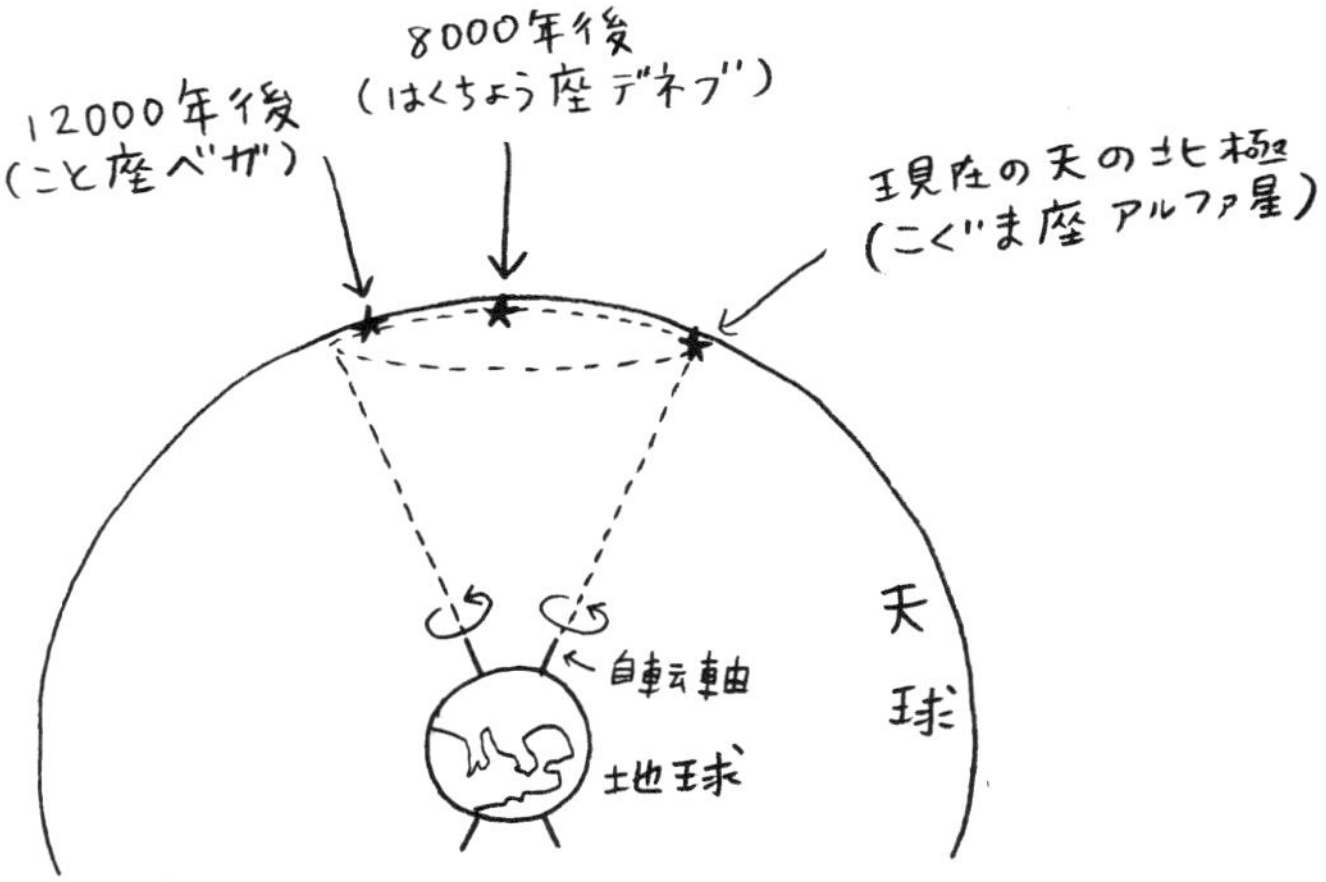

歳差により天の北極は
約2万6千年の周期で変化する

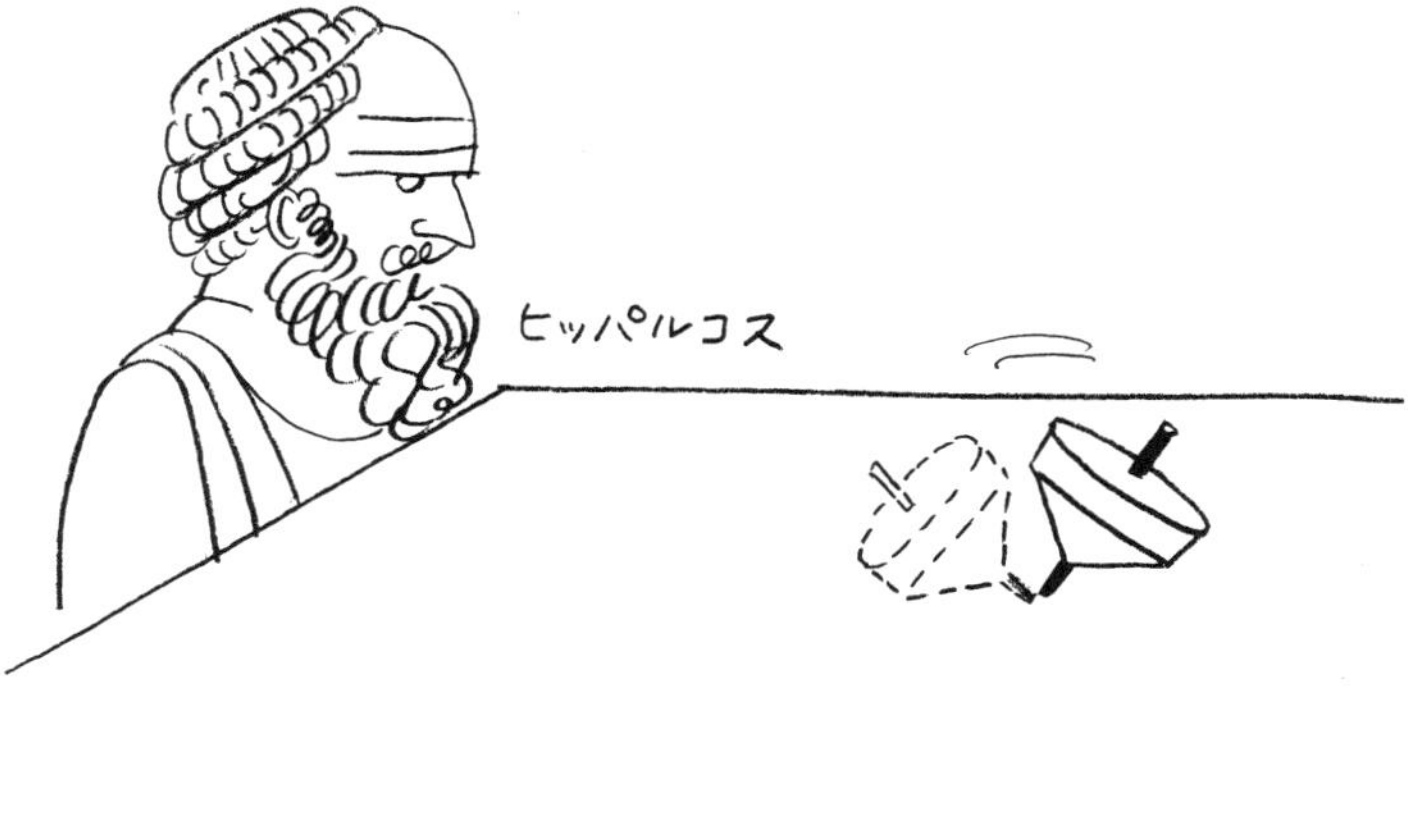

年後にはくちょう座の一等星デネブが、約一万二〇〇〇年後にはこと座の一等星ベガが北極星となります。

最高の天文書を著したプトレマイオス

時は移り、今度は古代ローマの時代が訪れます。紀元前三世紀にイタリア半島を統一したローマは、ギリシャを属州化して地中海全域を支配します。紀元前一世紀に入ると内乱が生じ、英雄カエサル（シーザー）による独裁とその暗殺など混乱が続きました。しかしカエサルの養子オクタヴィアヌスが、政敵アントニウスとエジプトのクレオパトラ女王を破り、実権を握ります。紀元前二七年、アウグストゥス（崇高なるもの）の称号を受けたオクタヴィアヌスは皇帝となり、ローマ帝国が誕生します。以降、ローマ帝国は四〇〇年の長きにわたって栄華を誇るのです。

ローマのひとびとは建築や土木といった実用的な科学や技術に重きをおき、日常生活の役には立たないギリシャ人の哲学や宇宙論を軽蔑しました。そのため、天文学はもっぱら正確な暦を作るための道具として使われるようになります。前章（第二夜）でお話しした、カエサルによるユリウス暦の制定がその代表です。一方で、宇宙の構造などに思いをめぐらせる天文学者は非常に少なくなったのです。

そうした中に現れた天文学者が、ローマ帝国の支配下にあったアレキサンドリアで活躍した**プトレマイオス**です。英語読みのトレミーという名前でも知られています。しかしその人となりは、彼がエジプト人であること以外、ほとんど不明という謎の人物です。

プトレマイオスは衰退していた天文学を再興し、精密な天体観測をおこないました。またヒッパルコスの業績を発掘して、そのすばらしさに感動し、彼の研究内容を中心にして天文学を集大成した『アルマゲスト』という本を著しました。アルマゲストとは「最高の書物」という意味です。

プトレマイオスはこの本の中で、アリストテレスが考えたタマネギ型の宇宙とは別の宇宙の姿を唱えます。それは**周転円**《しゅうてんえん》**モデル**の宇宙観というものです。

アリストテレスのタマネギ型宇宙モデルは、太陽や月、各惑星の複雑な動きをうまく説明していましたが、まだ問題が残っていました。それは惑星の明るさが変わることをどう説明するかという点です。太陽から見て地球と惑星が同じ方向にある時は距離が近くなるので、大きく明るく見えます。逆に太陽をはさんでそれぞれ反対側にある時は距離が遠いので、小さく暗く見えるのです。でもアリストテレスのモデルでは、惑星は地球を中心にした天球面上を動くので、地球と各惑星との距離は常に一定となり、明るさの変化を説明

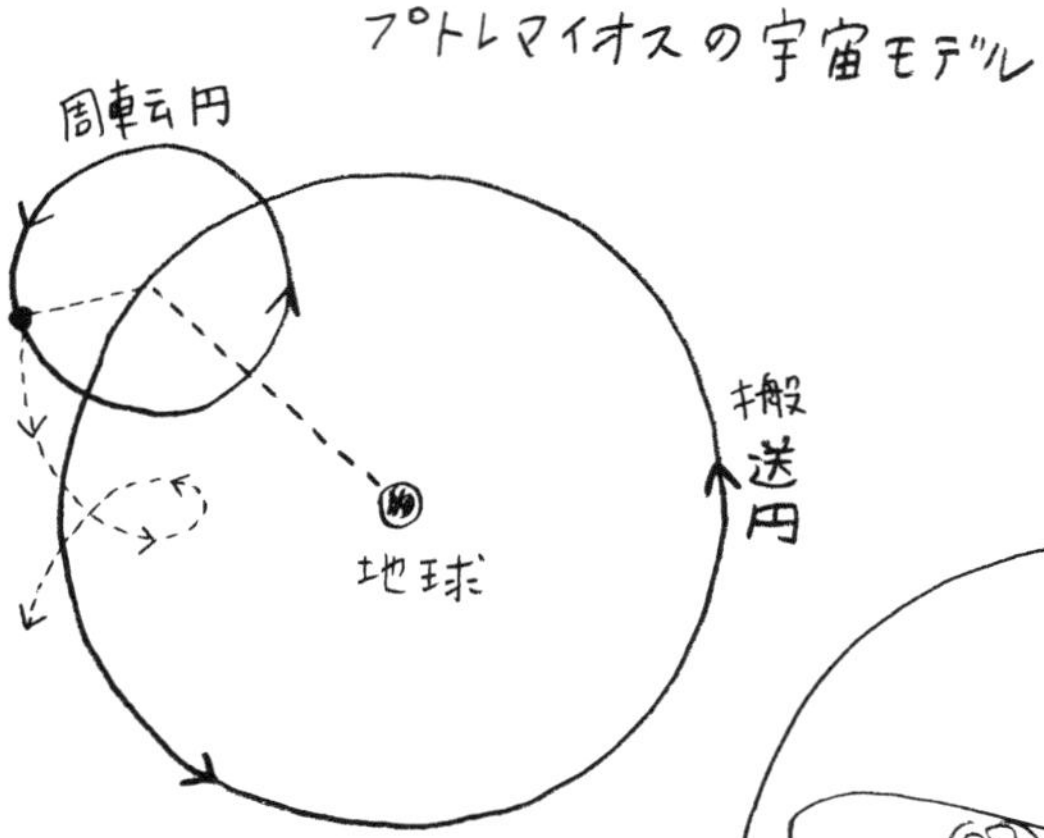

プトレマイオスの宇宙モデル
周転円
惑星
搬送円
地球

プトレマイオス

できません。

これを解決するために編み出されたのが、周転円モデルです（前ページの図を参照）。まず、惑星は地球を中心に単純な円運動をするのではなく、**周転円**という小さな円の上を回っていると考えます。そして周転円の中心が、地球を取り巻く**搬送円**《はんそうえん》という大きな円の上を回っていると考えるのです。つまり惑星は小さな円を描きながら大きな円を描く「ダブル回転」をしていることになります。これによって、周転円上で惑星が地球に近づいたり遠ざかったりすることが明るさの変化であると説明できるのです。

周転円モデルはかなり複雑ですが、すばらしい利点が一つありました。それは惑星の逆行を簡単に説明できることです。惑星は大きな搬送円上を移動するので基本的にはいつも同じ方向に進むのですが、同時に小さな周転円の上をくるくる回るので、進む方向が一時的に逆向きになることがあるのです。

「合理性」という人間の本質

タレスから始まってプトレマイオスまで、古代ギリシャからヘレニズム、そして古代ローマまでの宇宙観を一気に紹介してきました。

改めて振り返っても、古代ギリシャのひとびとが考えた宇宙観は、特別のものだったといえます。他の民族がみんな神話的な自然観・宇宙観の中で生きていた時代に、ギリシャ人だけが合理的な宇宙観を唱えられたのは、ものすごいことです。

もしも古代ギリシャの宇宙論がなければ、私たちは二十一世紀の今も、神話的な宇宙観の中で暮らしていた可能性もあったかもしれません。なにしろ、大地が宙に浮いているという発想も、大地が球体であるという「地球説」も、地球が太陽のまわりを回っているという「地動説」も、すべて古代ギリシャで生まれたのですから。

そしてもう一つ、古代ギリシャのひとびとの思想に触れていて、気づくことがあります。それは、人間は基本的に「合理的に考えたがる」生き物なのだ、ということです。

支配者から押しつけられていた神話的世界観から逃れると、ギリシャのひとびとは自分の頭で、合理的に思考を積み重ねて、この世界の真実を探ろうとしました。つまり、人間には本来、合理的に物事を考えようとする性質が備わっているのです。

普通「あの人は合理的な考えの持ち主だね」というと、それは心の冷たい、少し人間性に乏しい人だと評していることになりますよね。でも実際のところは、「合理性」こそが人間の本質であり、人間は合理的に考えたがる生き物なのです。

ギリシャの合理的な宇宙観は、やがて来る中世の暗黒の中に長く埋もれてしまいます。

でもそれが再び日の目を見て、近代科学が誕生する際に、活躍するのはやはり人間の本質である「合理性」でした。それらについては、次の章でお話ししましょう。それでは、今晩はこのあたりで。おやすみなさい。

第四夜

天動説から地動説への大転換

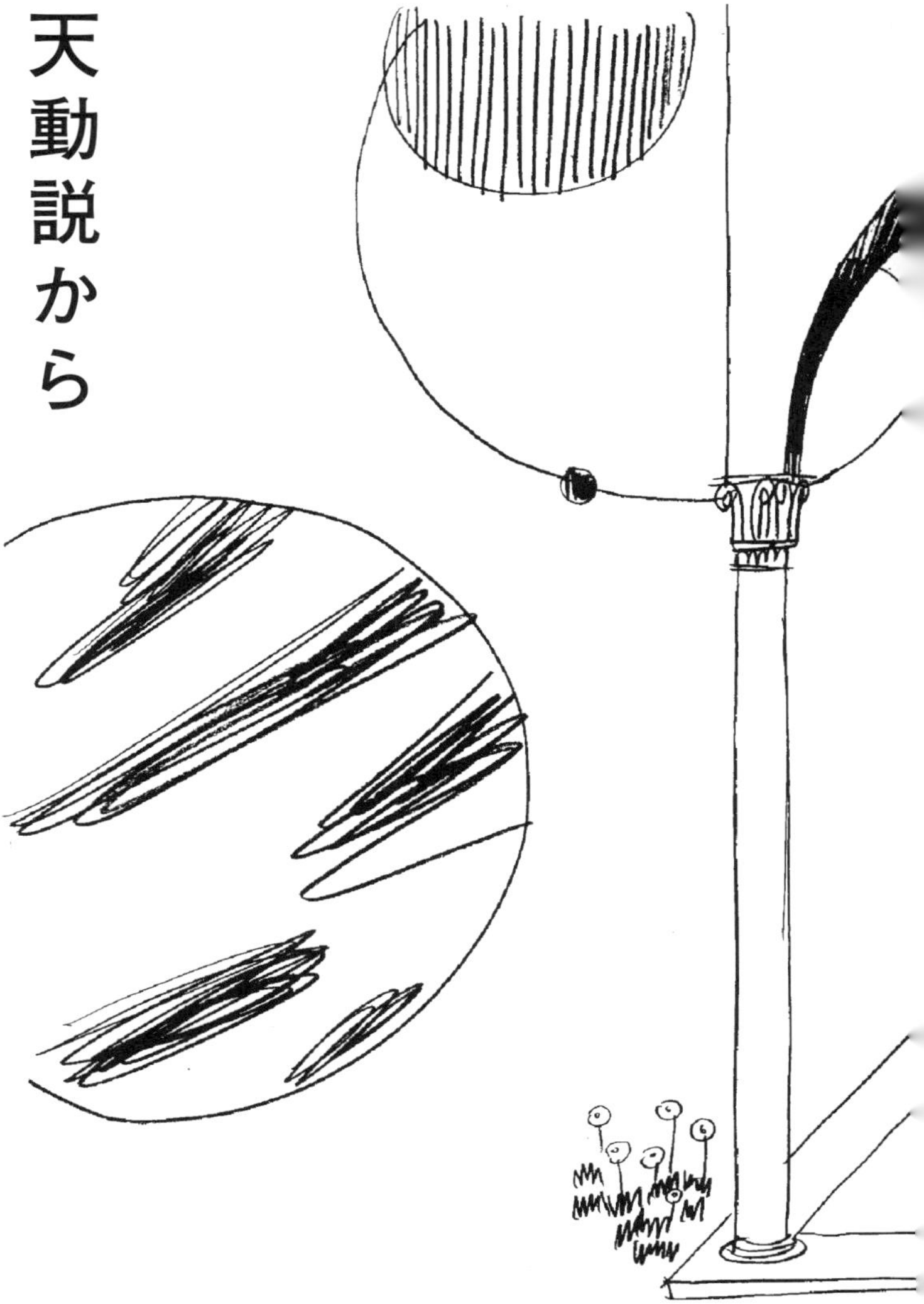

神に代わって宇宙の玉座に就いた「合理性」

今夜は、中世から近代の初めにかけてヨーロッパのひとびとが考えた宇宙像についてお話ししましょう。

「中世」とは、西洋史でおよそ四世紀の末から十六世紀頃までの期間を指します。この間、ヨーロッパではキリスト教がひとびとの生活と思想を支配しました。ひとびとは教会が教える宇宙観、つまり地球が宇宙の中心にあり、他のすべての天体は地球のまわりを回っているという天動説を信じていたのです。

ですが、一〇〇〇年以上にわたった中世の暗黒も、ついに打ち破られる時がやってきます。ルネサンスの到来です。コペルニクス、ガリレオ、ニュートンといった天才たちが教会の教えを否定し、まったく新しい科学的宇宙観を示すのです。

では、彼らはイエス・キリストを、「神様」を否定したのでしょうか。神などこの世にいない、神が宇宙を造ったのではないと主張したのでしょうか。

じつは、そうではないのです。コペルニクスも、ガリレオも、ニュートンも、みんな神様の存在を信じていました。全知全能の神が宇宙を造り、宇宙を支配していると信じていたのです。

にもかかわらず、彼らが明らかにした宇宙の真理は、宇宙の玉座から神様を追い落としてしまいました。

では、神様が去った後、宇宙の玉座に就いたのは誰でしょうか。

それは人間です。もっといえば、人間の本質である「合理性」です。

古代ギリシャの地で生まれた合理的な宇宙観は、いったんは中世の暗黒の中に埋もれたものの、一〇〇〇年以上の時を経て見事な復活を遂げました。そしてこれ以降、私たち人間は合理的思考という最強の武器を携えて、宇宙の真の姿を疾風怒濤《しっぷうどとう》の勢いで解き明かしていくことになるのです。

キリスト教の誕生と発展

さて、全世界でもっとも多い二〇億人の信者を持つ**キリスト教**は、現在のイスラエルに生まれた宗教家イエスを救世主キリストと信じ、イエスの教えに従う宗教です。イエスが育ったイスラエルのナザレは、当時のローマ帝国の辺境にありました。

当初はユダヤ教徒だったイエスは、やがてユダヤ教を批判するようになります。当時のユダヤ教では「戒律（ユダヤ教の教え）さえ守れば救われる」、あるいは「戒律にないことは何をしてもいい」という風潮が蔓延《まんえん》していたのです。法律や規則に明確に違反していないのであれば、多少ずるいやり方で金儲《かねもう》けをしたり他人を出し抜いたりしても構わないだろうといった考えは、現代に限らず、いつの世にもあるようです。

それに対してイエスは、人間の内面的な罪、いわゆる原罪を問題にしました。そして神への愛と隣人愛を説き、神の国の到来が近いと予言して、ユダヤ教を攻撃したのです。その結果、イエスはユダヤ教徒に憎まれ、十字架に掛けられて処刑されてしまいます。これが紀元後三〇年頃のことだとされています。

ところが、イエスは死後三日目に復活したという噂《うわさ》が広まります。イエスは自分の死によって人間の罪をあがなったのだという贖罪《しょくざい》思想が生まれ、イエスは救世主キリストだと理解されたのです。来世での救いを約束してくれるキリスト教は、現世では幸せを望めない下層市民や奴隷たちの間で急速に広まり、さらには上流階級にも普及していきます。

しかし、当時のローマ帝国では皇帝崇拝が徹底されていました。これに従わないキリスト教徒は激しい迫害を受け、多くの殉教者を出しました。それでもキリスト教の信者が帝国内に増えていくと、皇帝もその勢力を無視できなくなりました。ついに三一三年に皇帝から公認され、さらに三九二年にはローマ帝国の国教となったのです。

「無からの宇宙創造」を唱えたアウグスティヌス

国教となった後も、キリスト教は他の宗教や異端宗派との戦いを続け、これに打ち勝つことで教義を確立していきました。こうした時代に現れたのが、キリスト教会最大の教父《きょうふ》と呼ばれた**アウグスティヌス**です。「教父」とは古代のキリスト教会における理論的指導者、神学者のことです。

アウグスティヌスが書いた『告白』は、世界初の自叙伝とされています。自身の半生が綴られ、若い頃には多くの女性と関係を持ち、放蕩《ほうとう》な日々を送ったことが赤裸々に告白されている、非常に興味深い本です。

ですが、アウグスティヌスが一番いいたかったのは、『告白』の最後に書かれてある、聖書の「創世記」についての解釈だとされています。ここでアウグスティヌスは、神が何もないところから宇宙を造り上げたという「無からの創造」説を唱えます。これはそれまでに誰もしなかった、非常に斬新な主張でした。

前の章（第三夜）でお話ししたように、古代ギリシャの自然哲学は始原「アルケー」を考えるところから出発しました。この世界は「最初の何か」から始まったのであり、最初

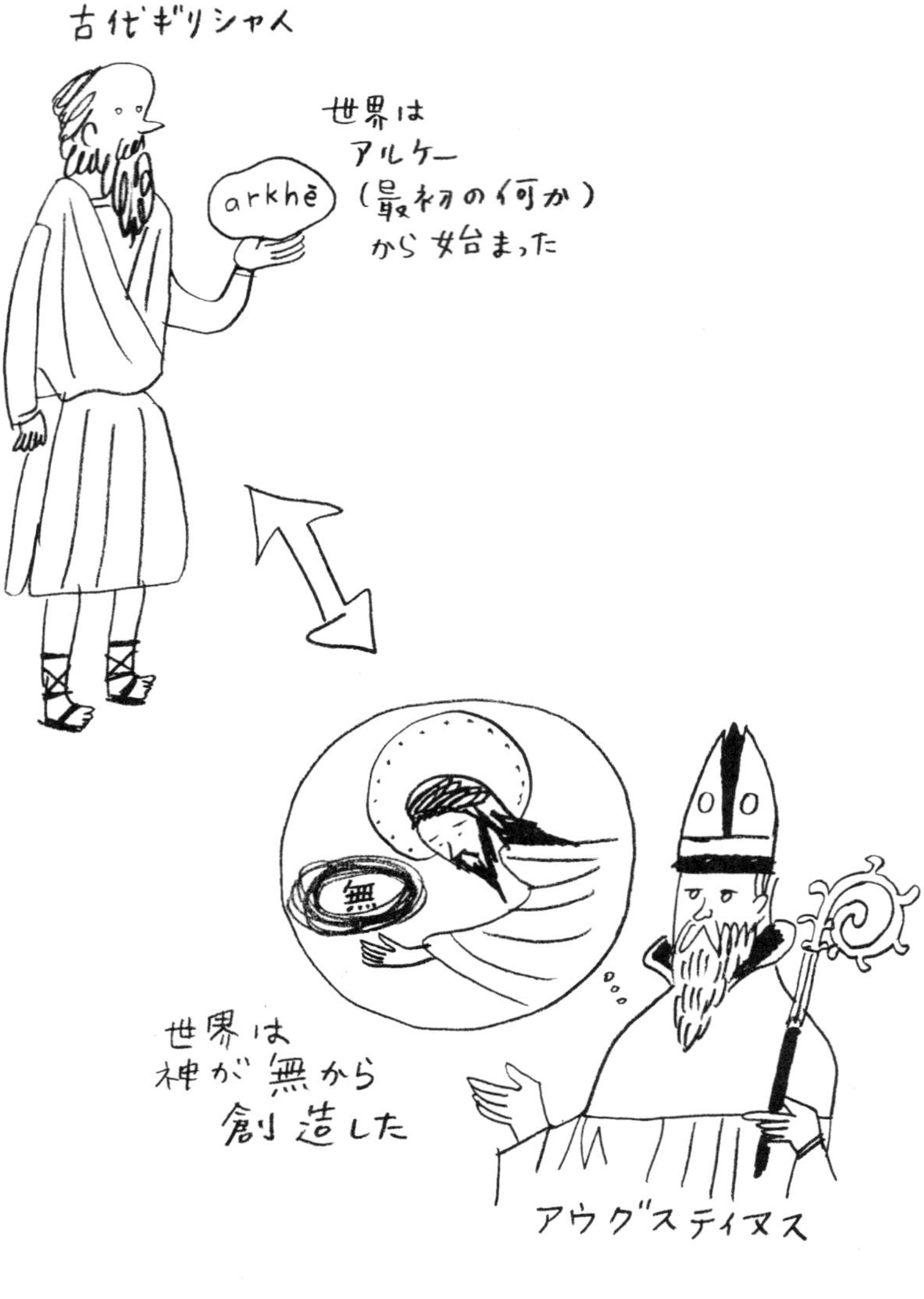
古代ギリシャ人
世界は
アルケー
(最初の何か)
から始まった
arkhē
無
世界は
神が無から
創造した
アウグスティヌス

に何も無ければ何も生まれない、というのがひとびとの常識だったのです。

でもアウグスティヌスは「無から世界を創造したことが、神の全能性の表れだ」と主張しました。確かに無から有を生み出すことができるのは、神様以外の何者でもないでしょう。アウグスティヌスは宇宙が無から造り出されたと解釈することで、神の偉大さを称えようとしたのです。またアウグスティヌスは、神は宇宙つまり空間とともに「時間」を造り出したのであり、宇宙が始まる前に時間は存在しなかったと主張しています。

さらにアウグスティヌスは、ギリシャの自然哲学に対して釘《くぎ》を刺します。自然哲学では自然の本質や宇宙の構造が探求されましたが、それはあまり重要ではなく、大事なのは自然や宇宙を造ったのが神であるのを忘れないことだ、というのです。

「この宇宙が無から生まれた」「宇宙が始まる前に時間はなかった」――アウグスティヌスのこの奇抜な主張を、じつは現代の最新宇宙論も支持しています。神の栄光を称え、ギリシャの自然哲学を軽んじたアウグスティヌスの主張が、ギリシャの合理的宇宙観の末裔《まつえい》である現代宇宙論の考えと一致するのは、何とも面白いことですね。

イスラム帝国に受け継がれたギリシャの学問

さて、キリスト教の国教化のわずか三年後に、ローマ帝国は東西に分裂します。西ローマ帝国は北方からのゲルマン民族の侵入によって混乱し、四七六年に滅亡します。その後も続く戦乱の中で、西ヨーロッパのひとびとの指導的立場に就いたのがローマ教会でした。その最高指導者であるローマ司教はローマ教皇（法王）と呼ばれるようになります。

戦乱のため、また、学問より信仰を重視するキリスト教の普及のため、ギリシャ以来の合理的思考の伝統は衰退します。宇宙の構造や成り立ちについて考える人もいなくなり、ヨーロッパは中世の暗黒時代に入っていくのです。一方、東ローマ帝国（ビザンツ帝国）は繁栄を維持しましたが、ギリシャの学問が新たに進展することはありませんでした。

このままでは、ギリシャの学問は歴史の闇の中に消えていったかもしれません。しかし、七世紀に突如としてアラビアに生まれた新しい宗教が、これを救ってくれます。

メッカの商人**マホメット**（ムハンマド）が唯一神アッラーの啓示を受け、その預言者として**イスラム教**を創始したのは六一〇年頃といわれています。マホメットと信者たちが作った「イスラム共同体（イスラム国家）」は、瞬く間にアラビア半島全域を支配しました。

マホメットの死後も支配圏は拡大し、わずか一〇〇年のうちに、西はスペインのイベリア半島から東はインド北西部に至る、広大なイスラム帝国が誕生したのです。

イスラム教は一神教ですが、キリスト教とは違い、他の宗教に対して寛容でした。イエスをマホメットに先立つ預言者の一人とみなし、キリスト教も排除しなかったのです。そうした柔軟性を持つイスラム教は、東ローマ帝国を経由してもたらされた古代ギリシャの学問にも強い関心を示します。ギリシャの書物がアラビア語に翻訳され、その知識が積極的に吸収されたのです。

イスラムのひとびとは古代ギリシャや古代ローマの天文学の成果に特に注目しました。プトレマイオスの著書を翻訳して、これに『アルマゲスト（最高の書物）』という名前をつけたのもイスラムのひとびとです。また、バグダッドなど各地に天文台が作られ、精密な天体観測がおこなわれました。キリスト教世界では禁止された占星術がイスラム教では認められたことも、イスラムのひとびとが天文学に関心を持った大きな理由です。

十二世紀に「逆輸入」された古代ギリシャの遺産

イスラム世界で受け継がれた古代ギリシャの諸学問が再びヨーロッパに戻ってくるの

は、十二世紀になってからです。これを**十二世紀のルネサンス**といいます。ルネサンスと聞けば、十四世紀から十六世紀にイタリアを中心に起きた、ギリシャやローマの古典文化を復興させようとする運動のことを思い浮かべる人が多いでしょう。でもそれに先立って、古代ギリシャの貴重な遺産がすでにヨーロッパにもたらされていたことが明らかになっています。これが十二世紀のルネサンスなのです。

そのきっかけとなったのは、レコンキスタや十字軍《じゅうじぐん》遠征によって、イスラムの文化がヨーロッパに紹介されたことです。レコンキスタとは、イスラム教徒に支配されたイベリア半島（スペイン）をキリスト教徒の手に取り戻そうとする国土回復運動です。一方、十字軍は聖地エルサレムをイスラム教徒から奪回することを名目に、ヨーロッパ諸国の諸侯《しょこう》や騎士たちがおこなったのべ八回にわたる遠征です。

これらにより、イスラム世界で広まっていた古代ギリシャや古代ローマの学問がヨーロッパに「逆輸入」されます。そしてヨーロッパのひとびとは、一〇〇〇年も前に生きていた先人たちのすばらしい知性に驚嘆したのです。そこでアリストテレスの哲学書やプトレマイオスの天文書などが、アラビア語からラテン語に続々と翻訳されていきました。

十二世紀のルネサンスの結果、ヨーロッパの各地に大学が作られました。大学といっても現代の大学とは違い、各都市にできた私塾のようなものです。ここで古代ギリシャの哲学や自然学が学ばれます。すると、アリストテレスやプトレマイオスが唱えた宇宙観と、聖書に書かれた宇宙観との違いが問題になってきたのです。

たとえば、前章（第三夜）でお話ししたように、アリストテレスは宇宙を永遠の過去から永遠の未来まで続くものだと考えていました。しかし聖書では、神は世界を創造した、つまり宇宙はある時から始まったものだと書かれています。こうした矛盾をどう解消すればいいのか、ひとびとは頭を悩ませたのです。

「宇宙の始まりは信じるべきこと」と説いたアクィナス

ここで登場するのが、中世最大の神学者アクィナスです。アクィナスが願ったのは、アリストテレスの宇宙観を矛盾なく聖書の宇宙観に取り入れることでした。

一部の神学者たちは、アリストテレスの宇宙観と聖書の宇宙観はそれぞれに正しいものではないかと考えていました。これを「二重真理説」といいます。少し難しい言い方をするなら、「理性による真理」と「信仰における真理」を分けて考えようという立場になります。人間の頭で理性的に考えた真理もあれば、神が示す真理もあって、たとえ両者が矛盾してもそれは構わないという姿勢です。

でも、アクィナスはあくまで、神が世界を創造したこと、宇宙には始まりがあるということが唯一の真理だと考えていました。しかし、アクィナスはアリストテレスが間違っているともいいませんでした。宇宙に始まりがあるというのは、信じるべきことであって、論証すべきものではないのだ」と主張したのです。人間の理性には限界があり、宇宙の始まりの問題はその限界を超えたものなので、これは議論しても始まらない、ただ聖書を信じればいいのだ、というわけです。

私たち日本人にとって、信仰と理性の問題はちょっと理解しにくいと思います。でも、たとえば「神様は本当にいるのか」という問題を、科学的に「いる」とか「いない」と論証するのは難しいことなのだ、ということはおわかりになるでしょう。神様がいるかどうかは、科学では扱えない、信仰の問題なのです。宇宙の始まりについてもこれと同じように、理性的に論証することは不可能だというのが、アクィナスの考えでした。

でも、現代の宇宙論は違います。私たちは科学的に宇宙の始まりの問題を検討して、「宇宙に始まりはある」「いや、ない」と議論しているのです。この部分のお話は、後のお楽しみとしましょう。

天球を回しているのは天使

さて、宇宙の始まりの問題については、アクィナスは聖書の記述を支持しました。しかし宇宙の構造については、アリストテレスが考えたタマネギ型の宇宙を認めています。アクィナスによると、宇宙の中心には土と水からできた地球があり、そのまわりには空気の層と火の層があります。これはアリストテレスの四元素説を取り入れた考えです。そして、その外側に星々が張り付いた天球があるのですが、その数は、太陽、月、五つの惑星、そして恒星の、計八つだとしました。アリストテレスは五六個もの天球からなる宇宙モデルを唱えましたが、アクィナスは「神がお造りになった宇宙は、もっとシンプルで美しいものになっているはずだ」と考えたのです。

でもこれだと、逆行現象など惑星の実際の運行を正しく説明できません。そこでアクィナスは、惑星の細かな動きは天使が調整すると主張しました。アリストテレスは一番外側の天球である恒星天を回転させる「不動の動者」という存在を想定しました。アクィナスによると、この不動の動者こそが**天使**だというのです。

神と天使は、恒星天のさらに外側にある最高天という場所に住んでいます。そして神に

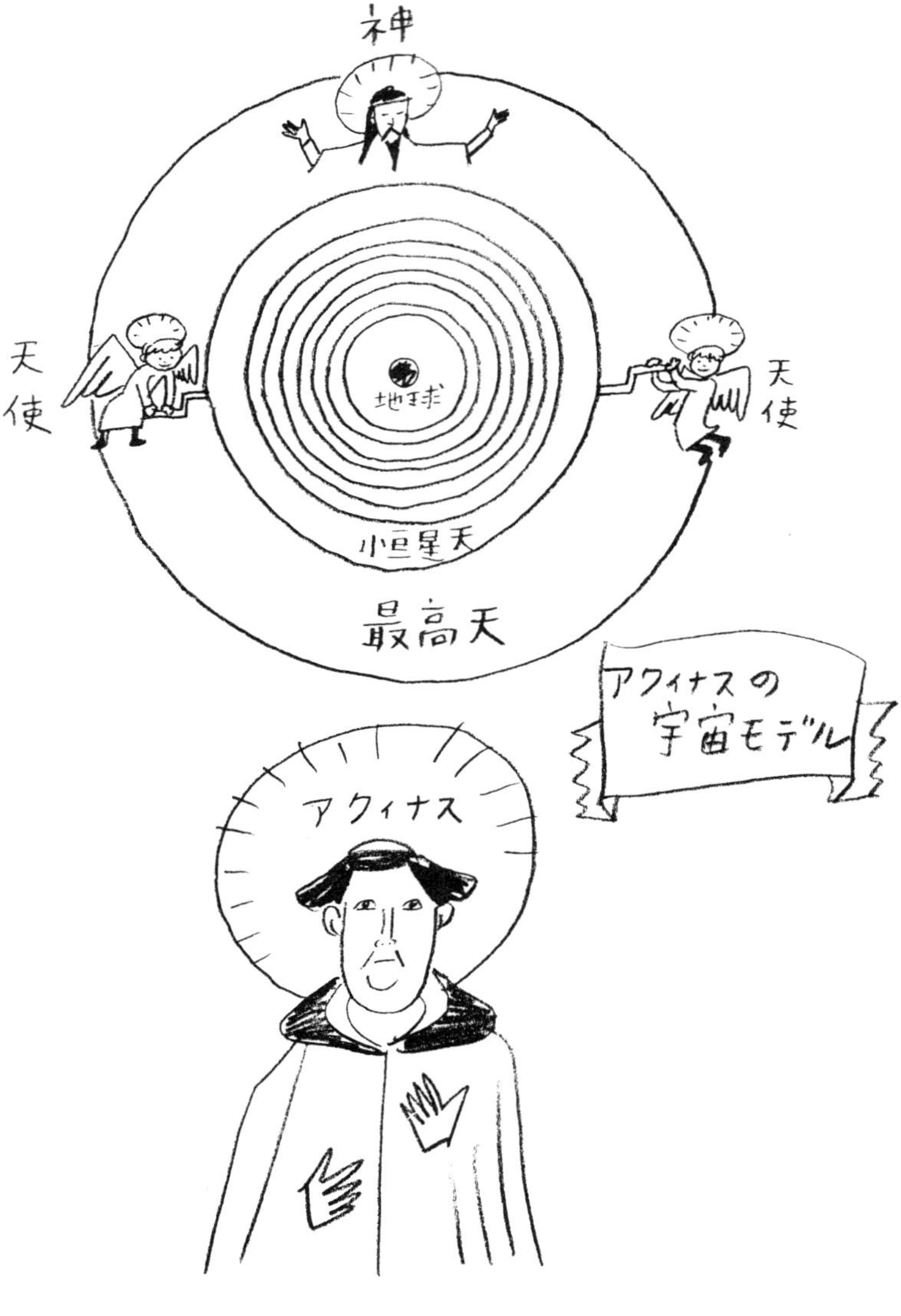
神
天使
天使
地球
恒星天
最高天
アクィナスの
宇宙モデル
アクィナス

遣《つか》わされた天使が宇宙全体を巧みに回転させているのです。アクィナスにとって、宇宙のしくみを解き明かすことは神の偉大さを明らかにするものでした。そしてアリストテレスの哲学や自然科学は、神の栄光を証明する道具であると位置づけられます。これを「哲学（または科学）は神学の婢《はしため》である」といいます。婢とは召使いのことで、アクィナスにとって大事なのは神様であり、神学であって、ギリシャの学問はそれに仕える一介《いっかい》の召使いにすぎなかったのです。

でも、神様を守りたいのであれば、アクィナスはギリシャの学問という召使いを雇い入れてはいけなかったのでしょうね。なぜならこの召使いは、召使いの立場にじっと収まっていられる存在ではなかったからです。信仰とは相容れない「合理性」から成り立っているギリシャの学問は、やがて神様のもとから自立し、自身の後継者となる近代科学を生み出します。それによって、主人であったはずの神様は玉座から引きずり下ろされ、代わって合理性を土台とした近代科学が宇宙に君臨することになるのです。

花の都・フィレンツェで生まれたルネサンス

アクィナスが活躍した十三世紀が終わり、十四世紀に入ると、いよいよイタリアで**ルネ**

サンスの文化が花開きます。

ルネサンスとは「再生」という意味です。文化や芸術のリーダーたちが一〇〇〇年以上埋もれていた古代ギリシャ・古代ローマの古典文化を掘り起こし、再生させたのです。その結果、中世ヨーロッパを覆っていたキリスト教中心の思想が見直されます。人間の個性や合理性が尊重され、また現世的な欲求が肯定されるようになり、やがて人間中心の近代社会が作られていくことになるのです。

ルネサンス発祥の地といえば、「花の都」と謳《うた》われたイタリア北部の街・**フィレンツェ**です。毛織物業や貿易で栄え、進取の気性に富んだひとびとが活発な商業活動を展開しました。その中でも銀行業によって巨万の富を築いたメディチ家が政治的権力を握ってフィレンツェを支配し、のちにメディチ家からローマ教皇を出すまでになったのです。

メディチ家を筆頭に財力のあるフィレンツェの市民たちは、有り余るお金を使って芸術家の保護・育成に力を注ぐようになります。フィレンツェの知識人の間では、古代ギリシャで文化や芸術が尊重されたことがすでに知られていて、地位の高い者が芸術を保護するのは徳目《とくもく》の一つと考えられたのです。それまで教会からの依頼で仕事をしていた芸術家たちは、豊かな市民という新たなパトロンを得て、宗教的なテーマに縛られずに自由な発想で創作をおこなうようになります。こうしてボッティチェリやレオナルド・ダ・ヴィンチ、ミケランジェロ、ラファエロといった美の巨人たちが輩出されたのです。また、メディチ家は学術の振興にも熱心で、知識人たちを集めて古代ギリシャの古典を学んだり、「愛」などをテーマに自由な議論を交わしたといいます。

こうしたフィレンツェの状況は、古代ギリシャのポリスによく似ています。ミレトスやアテネなどのポリスも、やはり貿易によって栄えました。そして富を得た裕福な市民たちが政治や文化の担い手となり、神話に頼らずに自分たちの頭で物事を考え、理解しようと努めたのです。同じようにフィレンツェでも、教会が説く自然観・宇宙観にとらわれず、人間本来の感性や合理性を大事にした思想が尊ばれました。古代ギリシャと同じ状況が誕生したからこそ、古代ギリシャの文化が「ルネサンス」されたのです。

さらに十五世紀後半には、ドイツで実用化された印刷術がヨーロッパに普及します。これがルネサンスの拡大に拍車をかけたのはいうまでもありません。またコロンブスの新大陸（アメリカ）発見などにより、我々の住む大地は球体であるという地球説が証明されたのもこの時期です。

そして十六世紀、ついに天文学にもルネサンスの波が押し寄せます。一〇〇〇年以上も信じられてきた天動説に疑問の目が向けられ、古代ギリシャでも唱えられた地動説が「再生」するのです。

地動説を「再発見」したコペルニクス

コペルニクスはポーランド北部のトルンという町で、裕福な商人の息子として生まれました。十歳の時に父親が亡くなり、母親もこの世を去っていたため、コペルニクスは司教だった叔父の手で育てられます。大学で神学を学び、イタリアへ留学して法学と医学を学びました。故国へ戻った後は教会の役員をしながら医師として働き、実直で謙虚な人柄によってひとびとから慕われたそうです。

そんなコペルニクスが天文学に興味を抱いたのは、ルネサンスの最盛期を迎えていたイタリア留学中のことだったといいます。大学でアリストテレスやプトレマイオスの天文学を学んだのですが、コペルニクスは今ひとつそれになじめませんでした。たとえば、惑星の運動についてはプトレマイオスの『アルマゲスト』が教科書として使われていました。惑星しかし、惑星が小さな周転円の上を回り、周転円の中心が大きな搬送円の上を回るというプトレマイオスの宇宙像は、どうも複雑すぎるように感じたのです。

「神様がお造りになった宇宙は、本当にこれほどややこしいものなのだろうか」

そう思ったコペルニクスは、古代ギリシャの他の天文学者たちが残した著作をいろいろ読みあさり、前章（第三夜）でお話ししたアリスタルコスの**地動説**と出会いました。この説に従えば、周転円や搬送円などの複雑なしくみはいっさい不要となります。「宇宙の中心に太陽があり、地球と他の惑星は太陽の周囲を回っている」と考えるだけで、惑星の逆行現象や明るさの変化などが驚くほど簡単に説明できるのです。そこで、この単純明快な宇宙像こそが、神が造られた美しい宇宙の本当の姿ではないかと考えるようになりました。

また、コペルニクスは光り輝いて四方を照らす太陽を、高貴な存在とみなしました。したがって、太陽は宇宙の中心にある王様の椅子に座り、それを取り巻く地球などの天体を家来のように支配している姿がふさわしいと考えたのです。

このように、コペルニクスは地動説を自力で思いついたわけではなく、アリスタルコスが唱えていた説を発掘した、「再発見」したのです。また、コペルニクスは神に逆らって地動説を唱えたわけでもありません。むしろ神様を信じ、宇宙を「偉大な創造者の荘厳な作品」だと信じていました。その上で、「神がお造りになった美しい宇宙の姿にふさわしいのは、天動説よりも地動説だ」と確信したのです。

序文を勝手に加えられたコペルニクスの著書

でも、地動説をおおっぴらに唱えれば、教会が認めている宇宙像を否定することになります。コペルニクスは教会の役員を務めていたので、自説の主張にはかなり慎重でした。

コペルニクスは一五三〇年頃に、太陽中心の宇宙像を説明する『天球の回転について』という論文の原稿を完成させます。しかしこれを出版することはなく、一部の親しい人に見せるだけだったそうです。ところが、コペルニクスの論文の写しはひそかに天文学者や教会関係者の間で回覧され、意外にも多くの支持者を得ます。当時のローマ教皇でさえ論文の価値を認め、コペルニクスに出版をうながす手紙を送ったといいます。

一方、コペルニクスを激しく攻撃する者もいました。その筆頭は、いわゆる「宗教改革」の立役者であるドイツのルターでした。神学者だったルターは、ローマ教会がおこなっていた贖宥状《しょくゆうじょう》（免罪符《めんざいふ》）の販売を批判して、ローマ教会から破門されます。贖宥状は、それを買えば罪が許されるという「お守り」のようなものです。当時のローマ教会にとって、贖宥状の売り上げは大きな財源でした。しかしルターは、贖宥状では救われないし、贖宥状を売るローマ教会の権威も認められない、唯一の信仰の源泉は聖書であると主張したの

コペルニクスの
地動説

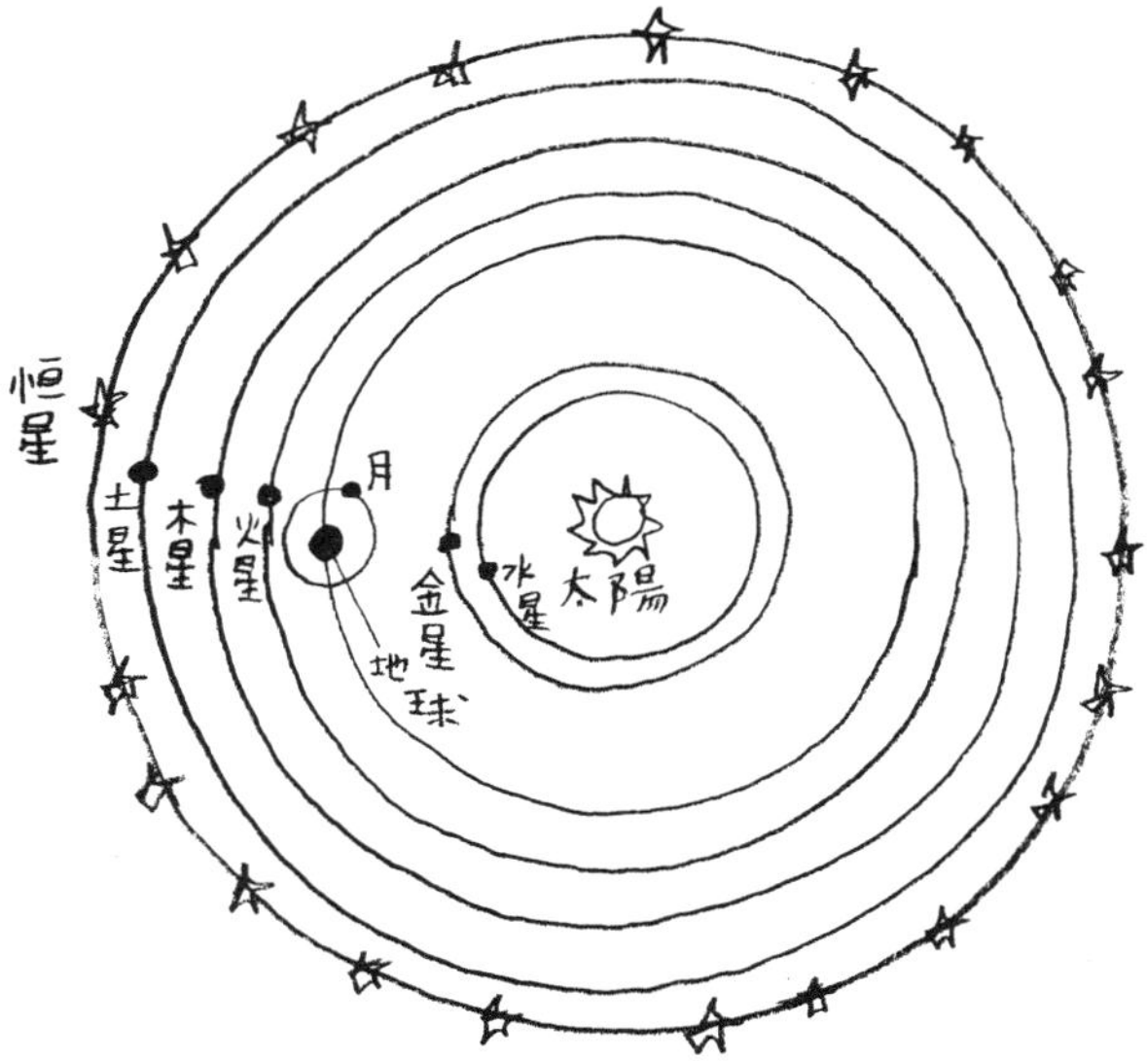

コペルニクス

です。ルターの主張に賛同したひとびとが作った新たな宗派が「プロテスタント」です。以降、プロテスタント（新教）とローマ教会側のカトリック（旧教）は激しく対立し、ヨーロッパ各地で「宗教戦争」が起こるようになります。

ルターにとって、聖書に書かれてあることが絶対の真実でした。旧約聖書の「ヨシュア記」には、預言者ヨシュアが太陽に「日よ、止まれ」と命じ、日を長引かせて戦争に勝利したと書かれています。ヨシュアが止まれと命じた相手、つまり普段動いているのは太陽であって地球ではないと、聖書にちゃんと書いてあるではないかというのがルターたちの言い分でした。ルターはコペルニクスのことを「聖書を否定し、天地をひっくり返そうとする馬鹿者」とののしったといいます。

一五四三年、コペルニクスはこの世を去る直前に、『天球の回転について』の原稿を友人の牧師に委ね、出版を依頼します。しかしその牧師はルターたちの攻撃を恐れ、勝手に序文を書き加えて出版したのです。その序文は、「この本で紹介する地動説は、惑星の動きを簡単に説明するための数学的なトリックにすぎない」という内容でした。そして本が出版された数週間後に、コペルニクスはその生涯を閉じたということです。

肉眼による天体観測の天才・ブラーエ

コペルニクスの『天球の回転について』は、当時の最新技術である印刷術の普及によって、次第に多くの人の目に触れるようになっていきます。でも当初は、教会関係者だけでなく天文学者の中にも、地動説に反対する人がたくさんいました。たとえば、当時の最高の天文学者として名高かった**ブラーエ**は、精密な天体観測の結果、地球が動いている証拠は何もないと結論づけています。

デンマークの貴族だったブラーエは、大学で法律を学んでいた十六歳の時、日食が予言された通りの日に起きたことに感激します。そこで天文学に専攻を変え、プトレマイオスの『アルマゲスト』などを教科書にして猛勉強を始めます。

しかし、一〇〇〇年以上も前に書かれた『アルマゲスト』を元にした当時の天文学の理論には多くの欠陥があり、日食などが予言通りに起きないこともありました。そこでブラーエは、天文現象を正確に予言できるように、精密な天体観測をおこない、そのデータを蓄積することを自らの仕事に定めます。

一五七二年、カシオペア座に突然明るい星が現れます。これは巨大な星が一生の最後に大爆発を起こして明るく輝く「超新星」という現象です。ブラーエはこの超新星を一年以上にわたって観測し、詳細な記録をとりました。この業績がデンマーク王に認められ、ブラーエはデンマークの北にある小さな島を与えられ、ここに天体観測所を作ってもらいました。ブラーエはここで多くの弟子たちを使いながら、天体観測を続けていきます。ブラーエの時代は、まだ望遠鏡が発明されていませんでした。しかしブラーエが肉眼でおこなった天体観測の精度はきわめて高く、ブラーエは「肉眼による天体観測の天才」と現在でも呼ばれています。

ところで、当時の宇宙観によると、月よりも遠い「天上界」は永久不変の完全なる世界だと考えられていました。しかし超新星を観測したブラーエは、超新星が他の恒星に対して動いていないことから、超新星は天上界の出来事であることを発見します。つまり天上界も永久不変ではないのです。またブラーエは彗星の観測も熱心におこない、彗星が月よりも遠いこと、つまり天上界の現象であると結論づけます。彗星は月よりも近い「月下《げっか》界《かい》」の現象だと考えられていたので、これも天文学の常識を覆すものでした。

天動説と地動説の折衷案を提案

しかしブラーエは、コペルニクスの地動説には賛成できませんでした。なぜなら地球が宇宙の中を動いていれば、星に「視差」が観測されるはずだからです。

前章（第三夜）でもお話ししましたが、ある物体や場所を異なる二つの地点から見た時の方向（角度）の違いが視差です（93ページ）。もし地球が太陽の周囲を回っていれば、たとえば春と秋とでは地球の場所が移動しているので、星に視差（年周視差ともいいます）が見つかるはずだとブラーエは考えました。

しかしどれだけ精密な観測をしても、視差は見つかりません。自分の観測の正確さに自信を持っていたブラーエは、視差が見つからない以上、地動説は誤りだと考えたのですね。

ですが、天体観測の天才ブラーエにしても、肉眼で星の視差を見つけることは絶対に無理でした。星の視差は、最大のものでも五〇〇〇分の一度くらいしかないからです。〇・三六ミリメートルの大きさの物体を一キロメートル先から視認できるという驚異の視力がなければ、これは不可能です。一番近い星までの距離でさえ約四光年（約四〇兆キロメートル）もあるため、視差はごくごく小さな値になるのです。しかし、星までの距離がこれほど遠く、宇宙がこんなに大きいとは、当時のひとびとは予想もしませんでした。星の年周視差が実際に観測され、地動説の正しさが検証できたのは、巨大な望遠鏡が作られるようになった一八三八年のこと、ブラーエの時代から二五〇年も後のことです。

一方でブラーエは、惑星の動きを簡単に説明できるという地動説の利点には魅力を感じたようです。そこで思いついたのは、天動説と地動説の折衷《せっちゅう》案でした。金星や火星などの五つの惑星は太陽の周囲を回っていますが、その太陽と月とは不動である地球の周囲を回っているというのがブラーエのアイデアです。地球は不動であるとしたため、教会関係者にも支持されたようです。

ところで、ブラーエは非常に傲慢《ごうまん》で怒りっぽい人物だったと伝えられています。貴族出身のブラーエは小作人にひどい仕打ちをしたりして、領地のひとびとから嫌われていたそうです。ついには国王の信頼も失い、晩年には国外へ去らなければなりませんでした。ブラーエの最期の言葉は「私の人生を無駄だと思わせないでくれ」というわごとだったそうです。偉大な天文学者としては、ちょっと悲しい言葉ですね。

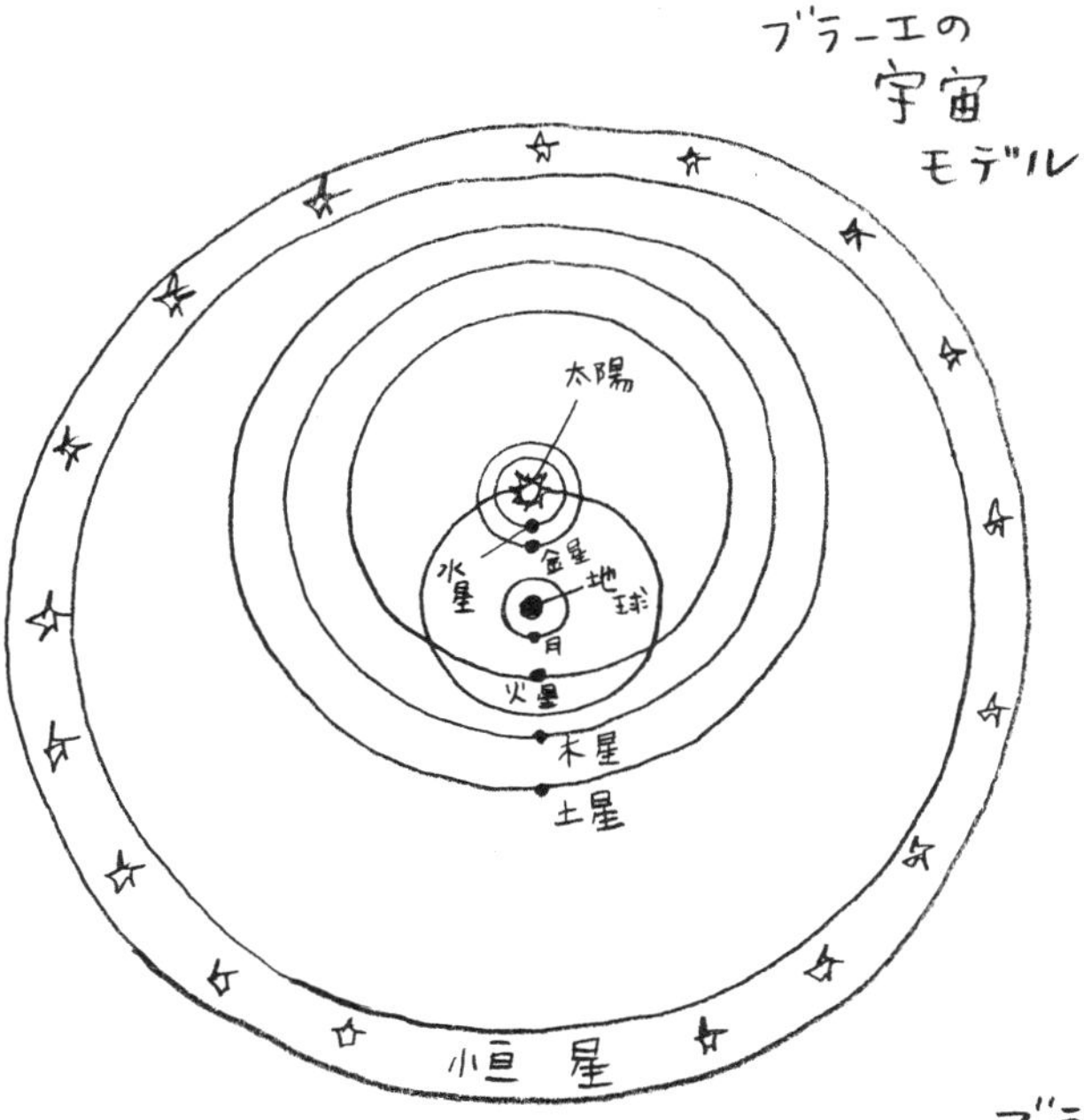
ブラーエの
宇宙
モデル
太陽
金星
水星
地球
月
火星
木星
土星
恒星

ブラーエ

数学的な美しさから宇宙の構造を考えたケプラー

ブラーエの人生を無駄にしなかったのは、その助手だった**ケプラー**でした。南ドイツの都市バイルに生まれたケプラーは、若い時から数学の才能に溢れていたそうです。大学でコペルニクスの地動説を知り、非常に興味を覚えます。大学を卒業後、数学の教師や占星術師として働きながら、ケプラーは惑星の運動について研究を続けます。そして一五九六年に『宇宙の神秘』という本を出版しました。この中でケプラーは、各惑星の天球の大きさと、正六面体（サイコロの形）などの「正多面体」との間には特別の関係がある、というユニークな説を唱えています。

ケプラーの説を詳しくは紹介しませんが、注目したいのは、ケプラーが「地球の天球」を考えていること、つまり地動説に基づいて宇宙の構造を説明していることです。ケプラーにとって、天動説よりもシンプルに惑星の動きを説明できる地動説のほうが、数学的に美しいと思えたのでしょう。また、正多面体を使って各惑星の天球の大きさを説明しているのも、数学が得意だったケプラーならではの発想です。でも、実際には惑星の軌道の大きさと正多面体との間には何の関係もありません。ケプラーには、宇宙の真理とは数学的な秩序であるという直観や信念があったのでしょうね。これは古代ギリシャのピタゴラスの考えと共通するものだといえます。

ただし、ケプラーが数学的な美しさにこだわり続けていたら、人類は宇宙の真理を知ることができなかったかもしれません。ケプラーは師匠であるブラーエから、天体観測の重要性を教えられていました。どれだけ美しい宇宙論であっても、実際の天文現象を正しく説明できなければ、それは真理ではないのです。

ブラーエの死後、ケプラーは残された膨大な観測データを元に考え続けました。そして一つの革命的な発想に至ります。それは、惑星の軌道は美しい円ではなく、潰《つぶ》れた**楕円**《だえん》であるということでした。

惑星の軌道が楕円であることを発見

古来、惑星は完全な円運動をおこなうと信じられてきました。円（真円）はもっとも美しく理想的な形であり、また天上界は完全なる世界なので、天上界にある惑星は当然円運動をおこなうと考えられたのです。しかし、単純な円運動では実際の惑星の動きを説明できません。そこで、いくつもの天球を組み合わせたり、惑星はダブル回転をすると考えたり、あるいは天球の回転を調整するという説明がされたりしてきたのです。

地動説を唱えたコペルニクスも、惑星が円運動をおこなっていることは疑いもしませんでした。ブラーエが唱えた天動説と地動説の折衷モデルでも、惑星の軌道はやはり円だとされていました。

ケプラーは数学的なシンプルさから地動説を信じていましたが、惑星が円運動をすると考える限り、ブラーエの観測データを正しく説明できません。困り果てたケプラーは、試しに惑星の軌道を潰れた円、つまり楕円として考えてみました。すると観測データと見事に合致したのです。

惑星の軌道が楕円であるという真理は、**ケプラーの第一法則**と呼ばれます。ケプラーが発見した惑星の運動に関する法則は三つあり、第二法則は惑星の運動の速さについてのこと、第三法則は惑星の軌道の大きさに関することです（次ページの図を参照）。これらはすべて、ブラーエの完璧な観測データを使い、ケプラーが得意な数学を駆使することで発見されたものです。つまり師匠と助手の共同作業によって、宇宙の真理が解き明かされたのですね。

こう書くといかにも美しい師弟愛といった趣になりますが、これを真っ向から否定する本が発表されて話題になりました。『ケプラー疑惑』（ジョシュア・ギルダー、アン－リー・

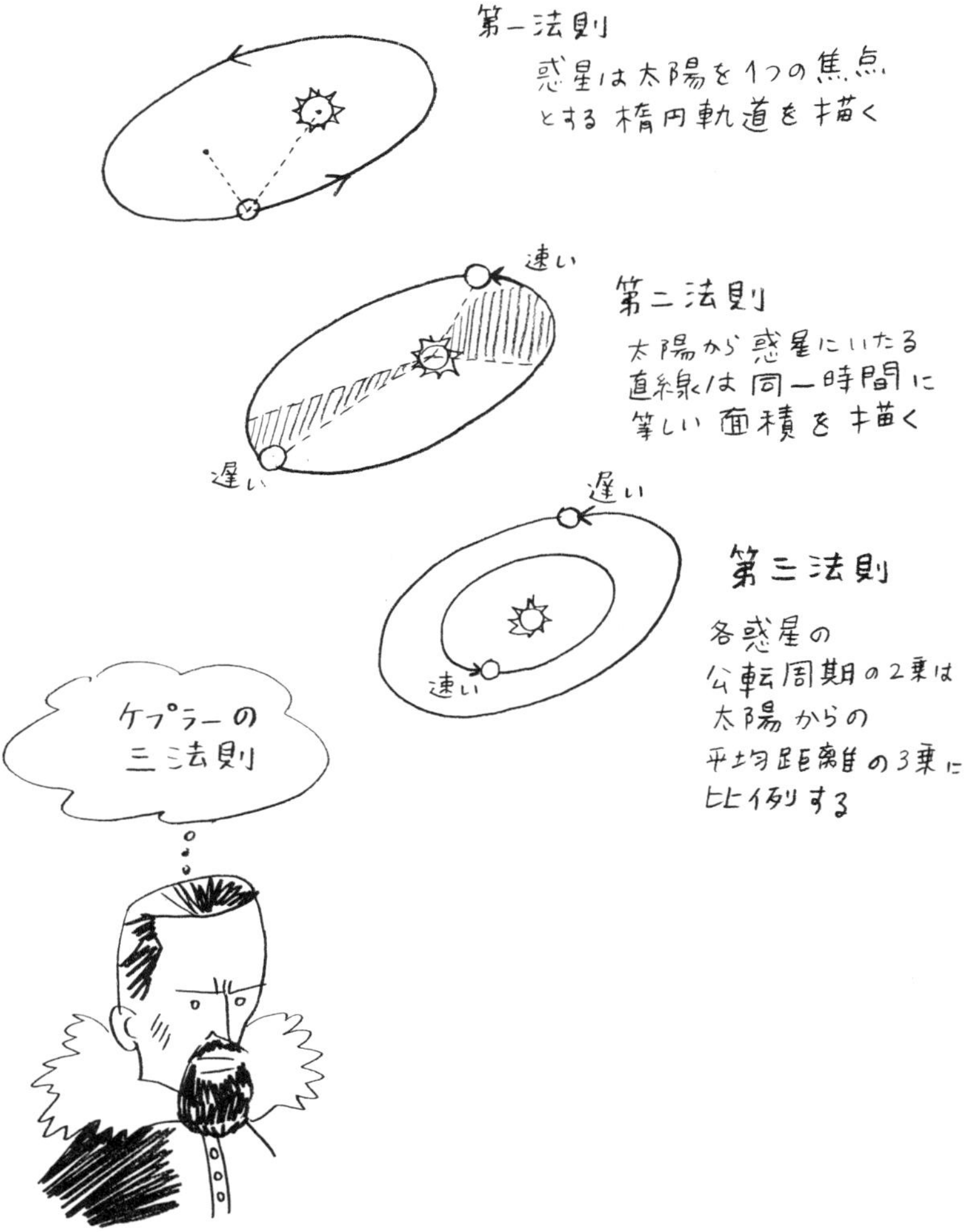
第一法則
惑星は太陽を1つの焦点
とする楕円軌道を描く
速い
第二法則
太陽から惑星にいたる
直線は同一時間に
等しい面積を描く
遅い
遅い
第三法則
各惑星の
公転周期の2乗は
太陽からの
平均距離の3乗に
比例する
速い
ケプラーの
三法則

ギルダー著、山越幸江訳、地人書館　二〇〇六年）という本です。ケプラーはブラーエを毒殺して、彼の膨大な観測データを手に入れたのだ、というのがその衝撃の内容です。

傲慢で派手好きな貴族だったブラーエに対して、ケプラーは貧乏育ちで虚弱体質、性格も陰気だったといいます。そしてブラーエは、自分の命ともいうべき観測データをけっしてケプラーに見せなかったそうです。目が不自由で自分では観測が十分にできなかったというケプラーは、業を煮やして師匠を毒殺し、その観測データを奪ったのでしょうか。

一九九一年にブラーエの墓から掘り起こした遺体の毛髪を分析したところ、高い水銀濃度が検出されたそうです。ここから著者らはブラーエ毒殺説を唱え、ケプラーを犯人だと断じています。その大胆な仮説は評価が分かれているようですが、天文学の歴史をひもとく上でなかなか興味深い話ではありますね。

無限宇宙説や宇宙人存在説も唱えたブルーノ

ブラーエ毒殺事件の信憑性《しんぴょうせい》は不明ですが、地動説や無限宇宙説を唱えて本当に殺されてしまったのが**ブルーノ**です。ブルーノはイタリアのナポリ近郊に生まれ、敬虔《けいけん》なキリスト教の司祭として活躍しつつ、独自の宇宙観を主張してヨーロッパ各地を回っていました。

ブルーノの宇宙観は、当時としては破格の過激さでした。ブルーノの時代、コペルニクスが唱えた地動説はヨーロッパの各地に広まっていました。ブルーノは、地球は宇宙の中心に静止していないという点では、コペルニクスに賛成しました。しかし、太陽が宇宙の中心にあるというコペルニクスの考えには異議を唱えます。ブルーノによると、宇宙にある無数の恒星は太陽と同じような天体であり、私たちの太陽だけが特別な存在ではないというのです。実際、太陽は宇宙に何千億個の何千億倍も存在する恒星の一つにすぎないのですが、それを見抜いたブルーノの直観は恐るべしです。

宇宙には無数の太陽があり、その周囲を回る地球のような星も無数にあり、そして宇宙は無限の大きさを持っているとブルーノは考えました。無限の能力を持つ神が、有限の大きさの宇宙やたった一つの太陽、たった一つの地球しか造れないはずがない、というのがその根拠です。敬虔な司祭であるブルーノにとって、無限宇宙説を唱えることは神の全能性を示すことでした。

そして地球のような星が無数にあれば、当然、宇宙には人間のような存在も無数にいる可能性があります。ブルーノは宇宙人の存在まで想像したのです。

ブルーノの過激な主張は、宇宙が有限であり、地球も太陽も人間も唯一の存在であるというローマ教会の教えと真っ向から対立しました。一五九二年にブルーノは逮捕され、獄

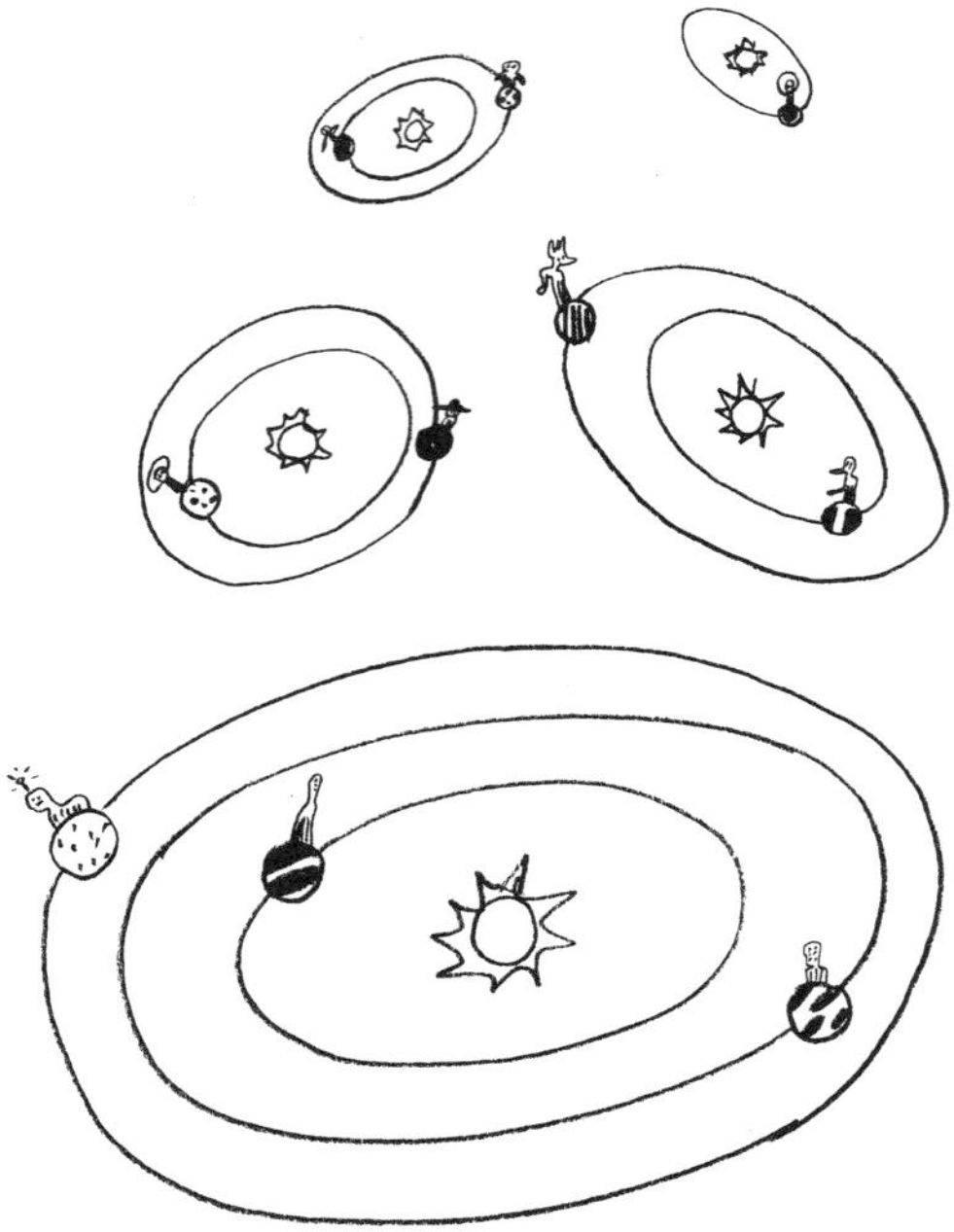

宇宙は無限、太陽も地球も人間も無数…？

中で八年間を過ごします。教会の宗教裁判で自説を放棄するようにいわれますが、ブルーノは頑としてこれを拒否します。そして一六〇〇年、ローマで火炙《ひあぶ》りの刑に処せられたのです。

ブルーノは天文学者でも科学者でもなく、無数の太陽説や無限宇宙説は科学的に考察されたものではありません。にもかかわらず、のちのニュートンと同じ宇宙観を抱くとは、ブルーノこそ稀代《きたい》の天才といえるかもしれません。

望遠鏡で初めて宇宙を見たガリレオ

ブルーノと同じくローマ教会の宗教裁判にかけられ、地動説を捨てるように強要されたのが**ガリレオ**です。フィレンツェで青春時代を過ごしたガリレオは、若い頃から科学の才能に秀でていました。十七歳の時、ピサの大聖堂で風に揺れるランプを見て、ランプが一往復するのにかかる時間は揺れかたの大きさによらずに一定であることに気づきます。いわゆる「振り子の等時性」の発見です。

ガリレオの逸話として有名なのは、ピサの斜塔での落下実験でしょう。同じ大きさで、一つは木製、一つは鉛製の二つの球を塔の頂上から同時に落とすと、地面に同時に着いたという実験です。重いものほど速く落ちるはずだという当時の常識を覆した実験として有名ですよね。ところが、この実験はガリレオがおこなったものではなく、実際にはまったく別の科学者がおこなったものだとされています。ガリレオがおこなったのは、滑り台のような斜面に沿って球を転がして、その速さを測るという実験だったそうです。

宗教裁判で心ならずも地動説を捨てることを誓いながら、「それでも地球は動く」とつぶやいたとされる逸話も、実際にあった出来事ではないといいます。先ほどお話しした振り子の等時性の発見のエピソードも、やはり本当かどうか不明だそうです。ニュートンのリンゴの話に代表されるように、偉人たちの有名な逸話の中には、後世の伝記作家によって捏造《ねつぞう》されたものが結構あるようですね。

さて、ガリレオを宇宙へ導いたもの、それは望遠鏡でした。

望遠鏡は一六〇八年、オランダの眼鏡屋さんが偶然に凸レンズと凹レンズを組み合わせてみることで発明したといわれます。その噂を聞いたガリレオは、さっそく自分で望遠鏡を作り、それを宇宙に向けてみたのです。望遠鏡で初めて宇宙を覗《のぞ》いた人物がガリレオでした。そこには、人類が初めて見る宇宙の真の姿が映っていたのです。

まず、月の表面はアリストテレスがいっていたような滑らかなものではなく、地球と同じように山や谷がいくつもありました。大きなくぼみのようなものを、ガリレオは「お椀《わん》」という意味の「クレーター」と名づけます。

それから天の川を見て、それが無数の恒星の集まりであることを発見します。望遠鏡によって、それまで暗くて見えなかったり、あるいはぼんやりとにじんでいた星々をくっきりと見ることが可能になったのです。

木星の周囲を回る月の存在から地動説を確信

ガリレオがとりわけ驚いたのは、木星の周囲に暗く小さな星が四つ見つかったことです。しかもそれらの星は、ある時は二つ、ある時は三つしか見えないことがありました。その様子を詳しく観測したガリレオは、四つの星が木星の周囲を回っているために、木星の背後に隠れた時には数が減って見えることに気づきました。つまり四つの星は木星の月、いわゆる衛星だったのです。

四つの小さな月は、大きな木星の周囲を回っています。とすれば、小さな地球の周囲を大きな太陽が回るという天動説よりも、地球が太陽の周囲を回るという地動説のほうが正しいのではないか。こうしてガリレオは地動説を信じるようになったのです。

他にも、金星が満ち欠けをしていることや、太陽に黒点があること、黒点の移動の様子

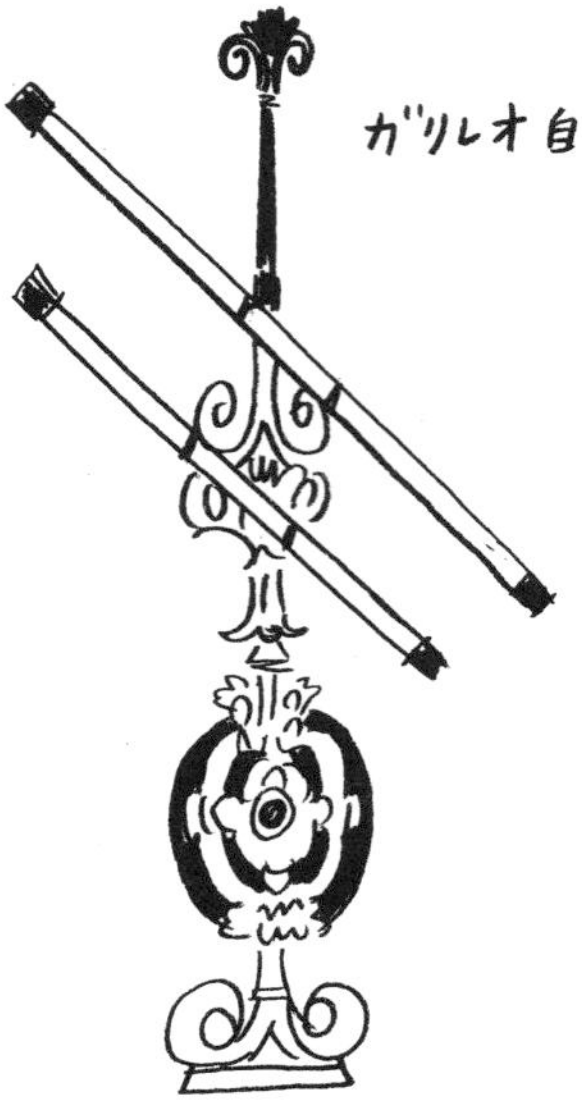

ガリレオ自作の望遠鏡

月面のスケッチ

ガリレオ衛星の発見

ガリレオ

から太陽が自転していることなどが、望遠鏡による観測で次々と発見されました。これらの成果をガリレオは一六一〇年に出版した『星界《せいかい》からの報告』の中で発表します。

この頃から地動説を公然と主張するようになったガリレオに対して、ローマ教会から批判の声が上がります。一六一六年にガリレオは宗教裁判にかけられ、地動説を公に主張しないように誓約させられました。しかし一六三二年、ガリレオは新たに『天文対話』を執筆し、地動説を強く主張します。翌一六三三年、ガリレオは再び宗教裁判にかけられ、有罪の判決を受けて地動説を放棄することを宣誓し、フィレンツェの郊外に軟禁されて余生を送ったのです。

ところで、地動説には固執したガリレオですが、同時代のケプラーが発見した三法則には何の関心も示さなかったといいます。ケプラーとは手紙のやりとりをしていましたが、ケプラーから惑星の軌道が楕円であることを聞かされても、そんなはずはないとこれを一《いっ》蹴《しゅう》したそうです。宇宙は神が造った完全なる世界であり、宇宙の天体は理想的な円運動をおこなうとガリレオは信じていました。ガリレオにとって、地動説は聖書の教えに背くものではなく、聖書と両立するはずのものだったのです。

天と地の法則を統一したニュートン

ガリレオが亡くなった翌年、一六四三年の一月にイギリス東部の片田舎で生まれたのが**ニュートン**です。光について研究し、微積分法《びせきぶんほう》を発見し、ニュートン力学《りきがく》と呼ばれる力と運動の理論を打ち立てた、ニュートンの偉大な業績の意義をたった一言で表すならば、「天と地の法則を統一したこと」となるでしょう。

アリストテレス以来二〇〇〇年もの間、天と地とは別々の法則に支配された別の世界だと考えられてきました。地上の世界では物体は四つの元素から作られ、落下運動に代表される直線的な運動をおこないます。一方、天の世界ではエーテルという永久不滅の元素で作られた天体が、永遠に終わりのない円運動をおこなうとされたのです。

しかしニュートンは、宇宙の星々も地上の物体も、同じ運動法則で貫かれていることを明らかにしました。リンゴが地面に落下するのと、月が地球のまわりを回るのは、**万有引力《ばんゆういんりょく》（重力）**という同じ力によって引き起こされていることを見破ったのです。

木の枝から離れたリンゴはまっすぐ下に落ちますが、リンゴを水平方向に投げれば、いわゆる放物線を描いて地面に落ちます。リンゴを速く投げるほど、リンゴは遠くの地面まで到達します。相当速く投げれば、リンゴは丸い地球の表面に沿うように落下することになり、いつまでも地面に着かず、ついには地球を一周してしまうはずです。これこそ月の動きであり、じつは月も地球に落下しているのです。

そして二つの物体の間に働く万有引力の大きさが、二つの物体の重さ（質量）の積に比例し、物体間の距離の二乗に反比例するというのが、有名な**万有引力（重力）の法則**です。この法則に、同じくニュートンが発見した**運動の三法則**（慣性の法則など）を組み合わせれば、天と地のあらゆる物体の運動を正しく説明できるのです。

こうして天と地の法則は統一され、同時に宇宙観も大きく変わります。宇宙はもはや特別な世界ではなく、地上と同じ法則が成り立つ地続きの世界だったのです。別の言い方をすれば、この地球も宇宙の一部なのです。宇宙の一部にすぎない地球が、宇宙の中心であるはずもありません。こうして地球を宇宙の中心とする天動説は否定され、私たちは自己中心的な宇宙観を乗り越えて大宇宙の真理に目を向けることが可能になったのです。

無限宇宙を造ったのは無限の能力を持つ神

コペルニクスやガリレオは、地動説を唱えはしましたが、なぜ地球や惑星は太陽のまわりを回るのか、その理由を示すことはできませんでした。ケプラーも、なぜ惑星が円ではなく楕円の軌道をとるのかを説明できませんでした。そうなっているはずだ、そういう法則がある、とはいえても、なぜそうなるのかという原因を明示できなかったのです。

これに対してニュートンは、万有引力という力の存在を示すことで、重い太陽の周囲を軽い惑星が回ること、その際に惑星は楕円軌道をとることを見事に説明しました。だからこそひとびとはニュートンのいうことを信じ、地動説を信じるようになったのです。

ところで、万有引力は離れた相手に対して直接触れることなく伝わる力であり、いわゆる「遠隔力《えんかくりょく》」と呼ばれるものです。アリストテレス以来、力を伝えるためには直接相手に触れなければならないというのが常識でした。したがって、宇宙には星々が乗った天球があり、それを天使が回転させることで天体は移動すると考えられたのです。でも、万有引力という遠隔力の存在が明らかになれば、もはや天使や神様の出番はなくなってしまいます。

しかし、ニュートンは神様の存在を否定したわけではありませんでした。確かに惑星の運動の仕方については万有引力の法則から説明できますが、太陽や惑星、そして宇宙がそもそもどうして作られたのかという問題は、まだ手つかずで残っているからです。

ニュートンは大著『プリンキピア（自然哲学の数学的原理）』の中で、太陽や惑星などの壮麗な体系は、全知全能である神の深慮と支配によってしか生まれようがないと主張しています。そして無限の能力を持つ神は永遠にして無限の空間と時間を造り、宇宙のあらゆる空間、あらゆる時間にあまねく存在して、宇宙を統御しているといいます。

もし宇宙の大きさが有限であれば、宇宙には「中心」や「端」があるはずです。すると、宇宙の中にある物体は万有引力のために中心に集まり、ついには宇宙全体が潰れてしまいます。そうならないためには、宇宙の大きさが無限でないといけないのです。そして無限の大きさを持ち、無限の過去から無限の未来まで続く宇宙を造れるのは、無限の能力を持つ神以外にありえない、というのがニュートンの考えでした。

無限の広がりを持つ空間を**絶対空間**といい、永遠の過去から永遠の未来まで続く時間を**絶対時間**といいます。絶対空間や絶対時間という概念は、宇宙の大きさは有限であり、世界には始まりと終末があるとする教会の教えと真っ向から対立します。でもニュートンはコペルニクスやガリレオたちと同じく、全知全能の神を信じていたからこそ、こうした宇宙観を抱いたのですね。

だいぶ話が長くなってしまいました。それでは、今晩はこのあたりで。おやすみなさい。

第五夜

広大な銀河宇宙の世界へ

見えないものを見たくて望遠鏡を覗きこむ夜

今夜は、ひとびとにとって「宇宙」の大きさが急速に広がっていった、十八世紀から十九世紀のお話をします。

『天体観測』という歌をご存じでしょうか。BUMP OF CHICKEN（バンプ・オブ・チキン）というロックグループの、一五年ほど前にヒットした歌です。同名のテレビドラマの挿入歌として流れて、多くの人の印象に残ったと聞いています。

　午前二時　フミキリに　望遠鏡を担いでった
　ベルトに結んだラジオ　雨は降らないらしい
　二分後に君が来た　大袈裟な荷物しょって来た
　始めようか　天体観測　ほうき星を探して

若者の青春のひとコマを切り取った、とてもすてきな歌詞だと思いませんか。

当時、各地の科学館やプラネタリウムでは、この歌のおかげで「天体観測」という言葉を使っても子どもたちがわかってくれるようになったので、大変喜んだと聞きました。それまでは代わりに「星空観測」などといっていたそうです。天体観測という言葉さえなじみがないなんて、現代の子どもたちにとって、宇宙は本当に遠いものになってしまったのですね。

それはともかく、この歌のサビの部分はこんなフレーズになっています。

見えないモノを見ようとして　望遠鏡を覗き込んだ

望遠鏡を覗く時は、今まで見たこともない世界が目に飛びこんでくるような気がしてドキドキするものです。それは、十八世紀から十九世紀の人たちも同じでした。いえ、今の私たちよりももっと胸を躍らせていたに違いありません。キリスト教の宇宙観から脱し、望遠鏡というすばらしい装置を手に入れたひとびとにとって、宇宙は「人間が切り開くべき新たなフロンティア」となりました。天文学者から一般のアマチュア天文家まで、多くの人が望遠鏡を夜空に向け、その真の姿を明らかにしようと奮闘したのです。

ハレー彗星の再接近を見事に予言

前章（第四夜）の最後にお話ししたニュートンの万有引力（重力）の法則は、天文学に新たな分野を生み出しました。それは**天体力学**です。天体力学とは、重力の法則などの力学を応用しておもに太陽系の天体の運動を研究する学問のことです。

最初に偉大な成果を挙げたのは、ニュートンの盟友だったイギリスの天文学者・物理学者の**ハレー**です。裕福な商人の息子に生まれたハレーは、大学を卒業後、南大西洋の孤島で南半球から見える三〇〇個以上の恒星を観測して記録し、その業績が高く評価されました。そしてこの頃から、ニュートンとの親交が始まったとされています。

一六八四年頃、ハレーは惑星の運動に関するケプラーの三法則（133ページ）を数学的に表す研究をしていましたが、行き詰まりを感じていました。そこで親友のニュートンに相談すると、なんとニュートンはすでにその問題を解いているというのです。それはもちろん、あの万有引力の法則です。

でもニュートンは、生来の気難しい性格もあって、その成果をどこにも発表していませんでした。驚いたハレーは、ただちにそれを世間に発表するようニュートンを説得し、本の出版費用まで提供したのです。こうして世に出たのがニュートンの代表作『プリンキピア』です。こんにち、ニュートンが万有引力の法則の発見者として評価されるのは、じつはハレーの協力があったからこそなのですね。

さて、万有引力の法則に深い興味を覚えたハレーの頭に、ふと思い浮かんだものがありました。それは一六八二年に現れた巨大な彗星のことでした。

当時、彗星は流星と同じく、一度だけ現れる天体だと考えられていました。でも万有引

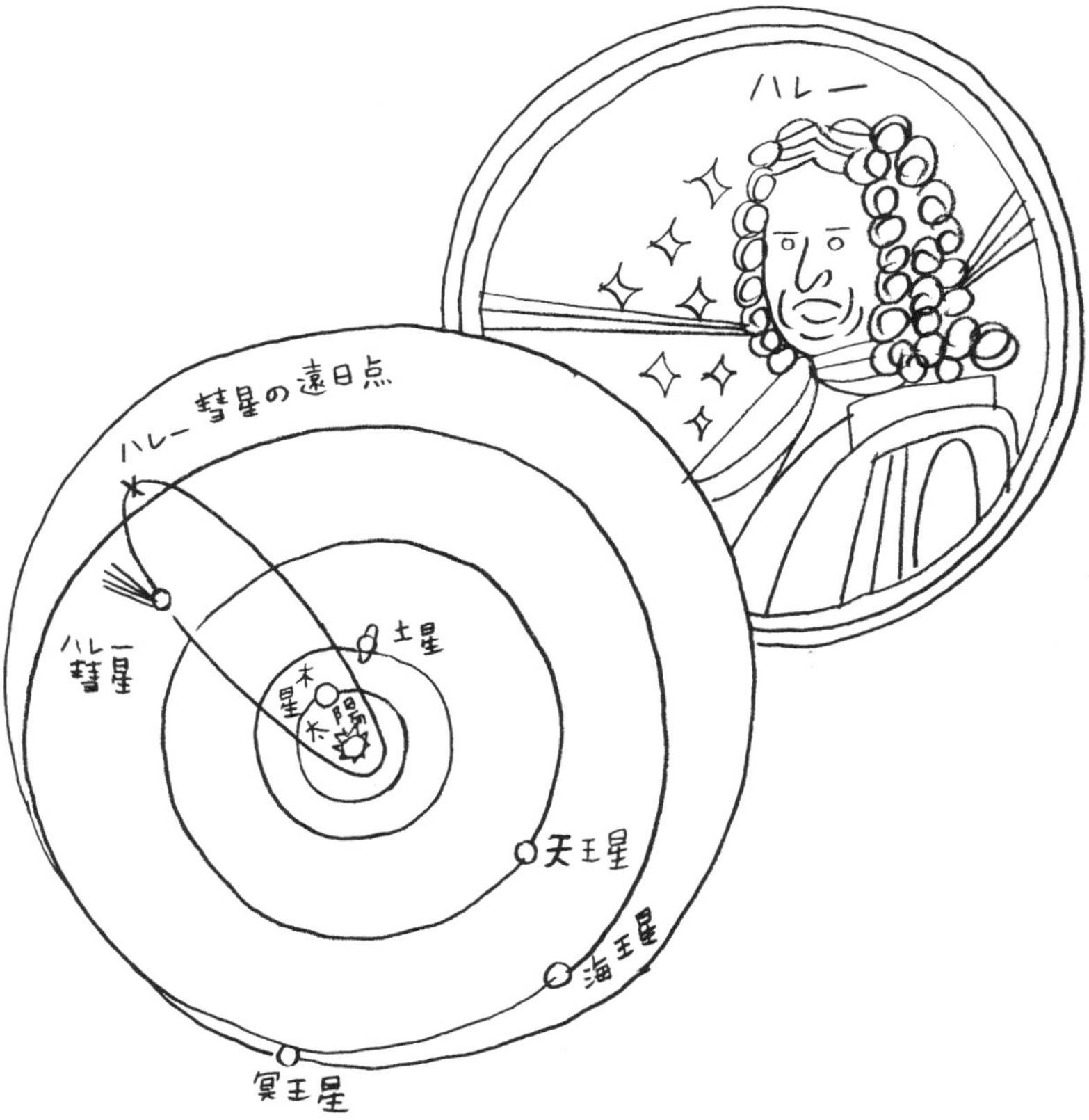
ハレー
ハレー彗星の遠日点
ハレー
彗星
土星
木星
太陽
天王星
海王星
冥王星

力の法則を使ってその巨大彗星の軌道を計算すると、非常に細長い楕円形の軌道になることがわかりました。その公転周期は約七六年です。そこで昔の天文記録を調べると、一五三一年と一六〇七年に現れた彗星によく似ていたのです。その間隔は約七六年ですので、これらは同じ彗星であり、一定の周期で地球に接近しているらしいと推測できます。

そこでハレーは、この彗星が次回地球に接近するのは一七五八年頃だと予言しました。そして一七五八年のクリスマスの夜、見事にその彗星の再訪が発見されたのです。残念ながらハレーはすでにこの世を去っていましたが、ハレーの偉業を称えて命名されたこの彗星こそが、皆さんもご存じの**ハレー彗星**です。

ハレー彗星はその後、一八三五年、一九一〇年、そして一九八六年に地球に接近しています。この次の接近は二〇六一年の夏ですから、四五年先のことです。

未知の惑星の存在まで言い当てる人類の英知

ハレー彗星の予言の成功により、万有引力の法則と天体力学の正しさは誰もが認めるものとなりました。そのため、天体観測の結果が理論と一致しない場合、疑われるのは理論ではなく観測結果のほうになったのです。十八世紀から十九世紀は天体力学の黄金期でした。そんな天体力学の威力を満天下に知らしめたのは、太陽系に未知の惑星があることを予言し、それが予言通りに発見されたという出来事です。

一七八一年、イギリスのアマチュア天文家の**ハーシェル**が**天王星**を発見しました。天王星は土星の外側の軌道を回っている惑星です。水星から土星までの五つの惑星は、肉眼でも観測できるので、古くからその存在が知られていました。一方、天王星以遠の惑星は望遠鏡による観測で発見されたものです。

じつは、ハーシェルの発見の一〇〇年以上前から、天王星は恒星として何度か観測されていました。しかしハーシェルは自作の望遠鏡によって精密な観測をおこない、天王星が恒星の間を少しずつ動いていること、つまり恒星ではなく惑星であることに気づいたのです。ハーシェルの発見を聞いた専門家たちがその軌道を計算したところ、土星よりもずっと外側の軌道を回っていることがわかりました。

ところがしばらくすると、天王星の位置が万有引力の法則に基づく理論値と次第にずれてきたのです。この場合、いくつかの可能性が考えられます。まずは観測に誤差があるという可能性ですが、誰が観測してもずれが生じるので、これは否定されます。次に、万有引力の法則がじつは微妙に誤っている可能性が考えられます。しかし、それまでに天体力学が挙げた数々の成果から、天文学者たちは理論に絶対の自信を持っていました。

そこで第三の可能性が指摘されました。それは、天王星の外側に未知の惑星があり、その惑星が及ぼす万有引力（重力）の影響で天王星が引っ張られて位置がずれているというものです。天文学者たちはこの可能性を有望視し、新たな惑星の発見にこぞって乗り出しました。

一八四六年、二人の若き天文学者が未知の惑星の予測位置をそれぞれ独自に発表しました。それはフランスの**ルヴェリエ**とイギリスの**アダムズ**です。そしてドイツの天文学者ガレが、二人の予測位置の近くに新たな惑星・**海王星**《かいおうせい》を見つけたのです。ルヴェリエとアダムズはそれぞれの母国で国民的な英雄となり、ひとびとは天体力学の勝利に喝采《かっさい》を送りました。それは人類の英知が宇宙の真理を見抜き、自然をついに征服したことに対する凱歌《がいか》だったのです。

冥王星の発見は偶然の産物

さて、海王星の軌道を詳しく調べていた天文学者たちは、海王星の位置にも理論と合わない誤差があることに気づきます。そこでアメリカの天文学者**ローウェル**は、海王星の外側にも未知の惑星があるとにらみ、その位置を予測しました。ローウェルは火星の表面に

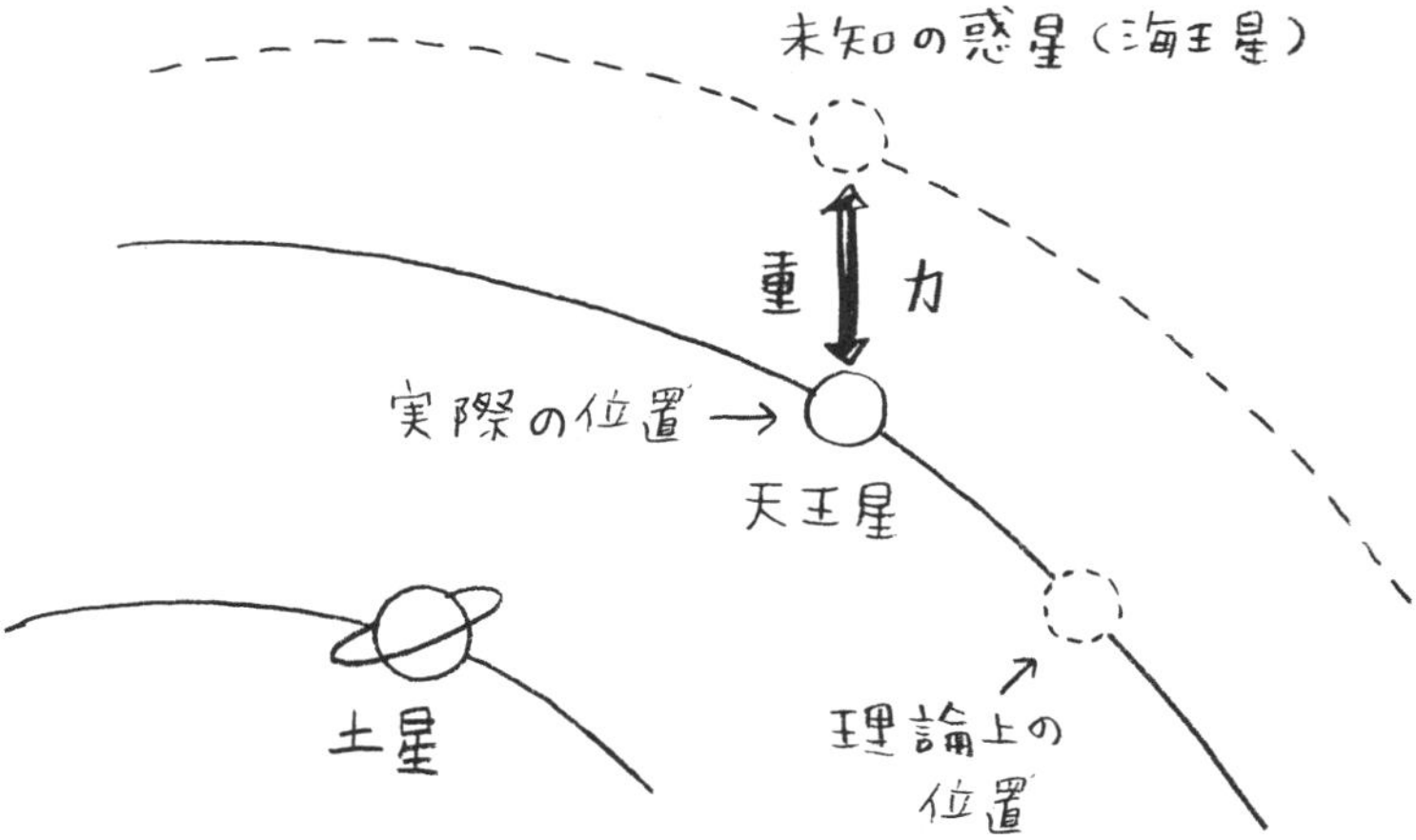
未知の惑星（海王星）
重力
実際の位置
天王星
土星
理論上の位置

ルヴェリエ
アダムズ

は「運河」が見えると主張し、火星人存在説を唱えたことで有名な人です。

一九三〇年、ローウェルの遺志を継いだアメリカの天文学者**トンボー**が、予測位置の近くで未知の惑星をついに発見しました。これが**冥王星**《めいおうせい》です。しかし奇妙なことに、冥王星は予想よりもかなり小さくて暗い惑星でした。そのためになかなか発見できなかったのです。しかも、このように小さな惑星では、海王星の位置に影響を与えるほどの重力を及ぼすことはできません。

後になって、じつは海王星の位置が理論値からずれて見えたのは、海王星の大きさを誤って見積もったためだったと判明しました。ですから海王星の位置のずれから冥王星の位置を予測したことはまったく無意味であり、冥王星はたまたま予測位置の近くで偶然に発見されたにすぎないのです。

また、太陽系の惑星の中でもっとも太陽に近い軌道を回る水星も、万有引力の法則に合わない動きをすることがわかりました。そこで海王星の位置を予測したルヴェリエは、水星の軌道のさらに内側に未知の惑星があるはずだと主張したのです。未知の惑星にはローマ神話の火の神から「ヴァルカン」という名前が仮につけられました。十九世紀の後半には、多くの天文学者やアマチュア天文家たちがヴァルカンの発見者として名を残そうと、血眼になって探したのです。

でも結局、ヴァルカンは見つかりませんでした。そんな惑星は存在しなかったのです。水星の動きが理論通りにならないのは、未知の惑星のせいではなく、完全無欠とされていた万有引力の法則にわずかな誤りがあったからです。それを指摘したのがアインシュタインであり、新たに作られた重力の理論が相対性理論なのです。

海王星という未知の惑星の存在を予言して「人類の英知は自然を征服した」と鼻高々だったひとびとは、見事にその鼻をへし折られたわけです。そして相対性理論でさえ完全な理論ではないかもしれないと考え、代替理論を探る現代の研究者もいます。一つの謎が解き明かされ、新しい理論が生まれると、それでは説明できない新たな謎が出てくるというのが科学の歴史なのです。

冥王星の「降格騒動」のてんまつ

先ほど冥王星の話題が出たので、ちょっと脱線しますが、二〇〇六年に起きた冥王星の「降格」騒動についてお話ししましょう。

一九三〇年の発見以来、冥王星は太陽系の九番目の惑星としての地位を長年与えられてきました。しかし、冥王星は他の八つの惑星に比べてとても異質な星でした。

まず、大きさは地球の月よりも小さく、それなのに自分の半分もある大きな衛星カロンを従えています。また、軌道の離心率《りしんりつ》（楕円の潰れ具合）は他の惑星よりもかなり大きく、しかも他の惑星の軌道面がみんなほぼ同一の平面上にあるのに、冥王星だけがそこからずれてかなり傾いています。さらに太陽系の遠方の観測が進むにつれて、冥王星と同じかそれ以上の大きさを持つ小天体（エッジワース・カイパーベルト天体）が多数見つかってきました。こうなると、冥王星だけを特別扱いして惑星と呼んでいいのか、疑問の声が上がるようになったのです。

二〇〇六年夏、国際天文学連合の総会で、冥王星は大激論の末に惑星から「格下げ」となり、**準惑星**という分類に入れられることになりました。惑星の運動に関する三法則を発見したケプラーゆかりの地であるチェコの首都プラハで開かれたこの会議には、私も出席していました。当初は冥王星よりも大きな小天体を格上げし、太陽系の惑星は全部で一二個になることが提案されました。しかし天文学者からの反対意見が相次ぎ、逆に冥王星を格下げするという決着になったのです。

ローウェルやトンボーの出身国アメリカでは、アメリカ人が発見した冥王星への愛着が強く、惑星からの格下げに対して国民から広く反対の声が上がりました。また冥王星という名詞「プルート」が「評価を下げる」とか「降格する」という意味の動詞として使われ、二〇〇六年の流行語大賞になったそうです。

これまで曖昧だった太陽系の惑星の定義をしっかり決めるという学問的な見地からすると、他の惑星とはかなり異質な冥王星が除外されるのはやむをえないと思います。でも太陽系の最果ての惑星として長年親しまれ、ひとびとのロマンをかき立ててきた冥王星が降格の憂き目に遭うのは、少し寂しい気がするのも確かですね。

二〇一五年、アメリカが二〇〇六年に打ち上げた探査機ニューホライズンズが冥王星に最接近しました。表面に見えたハート型の領域（トンボー領域と命名）や、意外にもクレーターがあまり見られないことなどが話題になりました。今後、探査機からのデータの解析が進むことで、素顔がほとんど知られていない冥王星について多くの情報が得られることを期待しています。

宇宙を広げた望遠鏡の発達

話を十八世紀に戻しましょう。

天体力学という強力な武器を手にしても、理論だけでは宇宙の真の姿はわかりません。理論を裏付ける観測結果が得られて初めて、宇宙の真実が明らかになるのです。したがって観測技術の向上は、天文学において何よりも大事だといえます。

天体力学の黄金期を支えたのは、望遠鏡の発達です。前章（第四夜）でお話ししたように、望遠鏡で初めて宇宙を観測したのはガリレオでした。ガリレオが初めて自作した望遠鏡は口径が約四センチメートル、倍率三〇倍程度という、今ならば小学生のおもちゃみたいな可愛らしいものです。

ガリレオやケプラーが使ったのは、二つのレンズを組み合わせた**屈折望遠鏡**です。これに対して、光を集めるのに鏡（放物鏡）を使うものを**反射望遠鏡**といいます。ニュートンが初めて反射望遠鏡を実用化したといわれています。

反射望遠鏡と比べた場合、屈折望遠鏡には**色収差**《いろしゅうさ》や**球面収差**という悩ましい問題があります。レンズなどで物体の像を作る時、光線が一点に集まらずに像がぼやけたりゆがんだりすることを**収差**といいます。そして色収差とは、光が色によって異なる屈折率を持つために像が不鮮明になるものです。一方、球面収差は、レンズの中央を通った光と周辺を通った光とでは像を結ぶ位置が少し異なるので、やはり不鮮明な像となるものです。

鏡を使う反射望遠鏡では、色収差や球面収差は生じません。ただし斜めの方向から入ってくる光に対して像がぼけてしまう**コマ収差**が、屈折望遠鏡よりもかなり大きくなります。このため、反射望遠鏡は屈折望遠鏡よりも視野（見える範囲）が狭くなります。

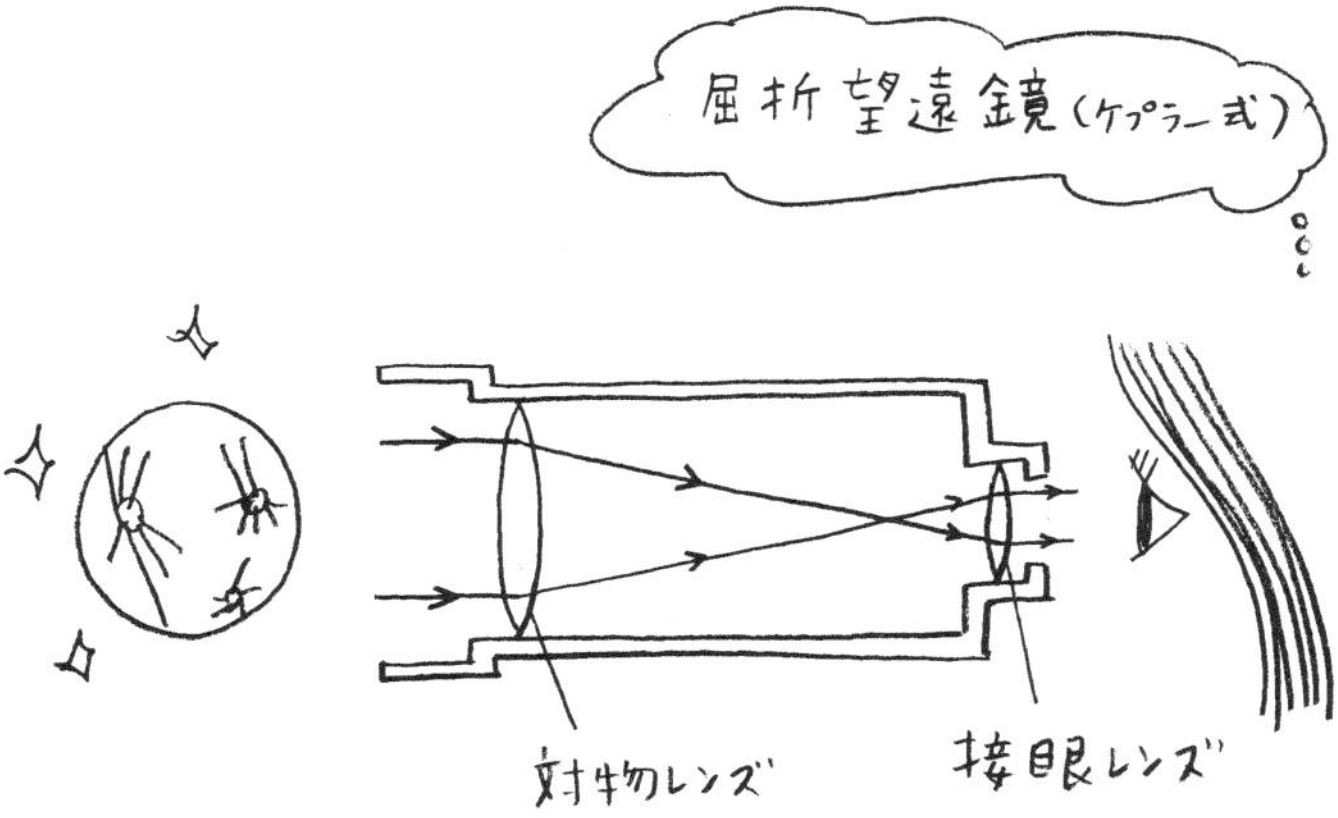
屈折望遠鏡（ケプラー式）
対物レンズ
接眼レンズ

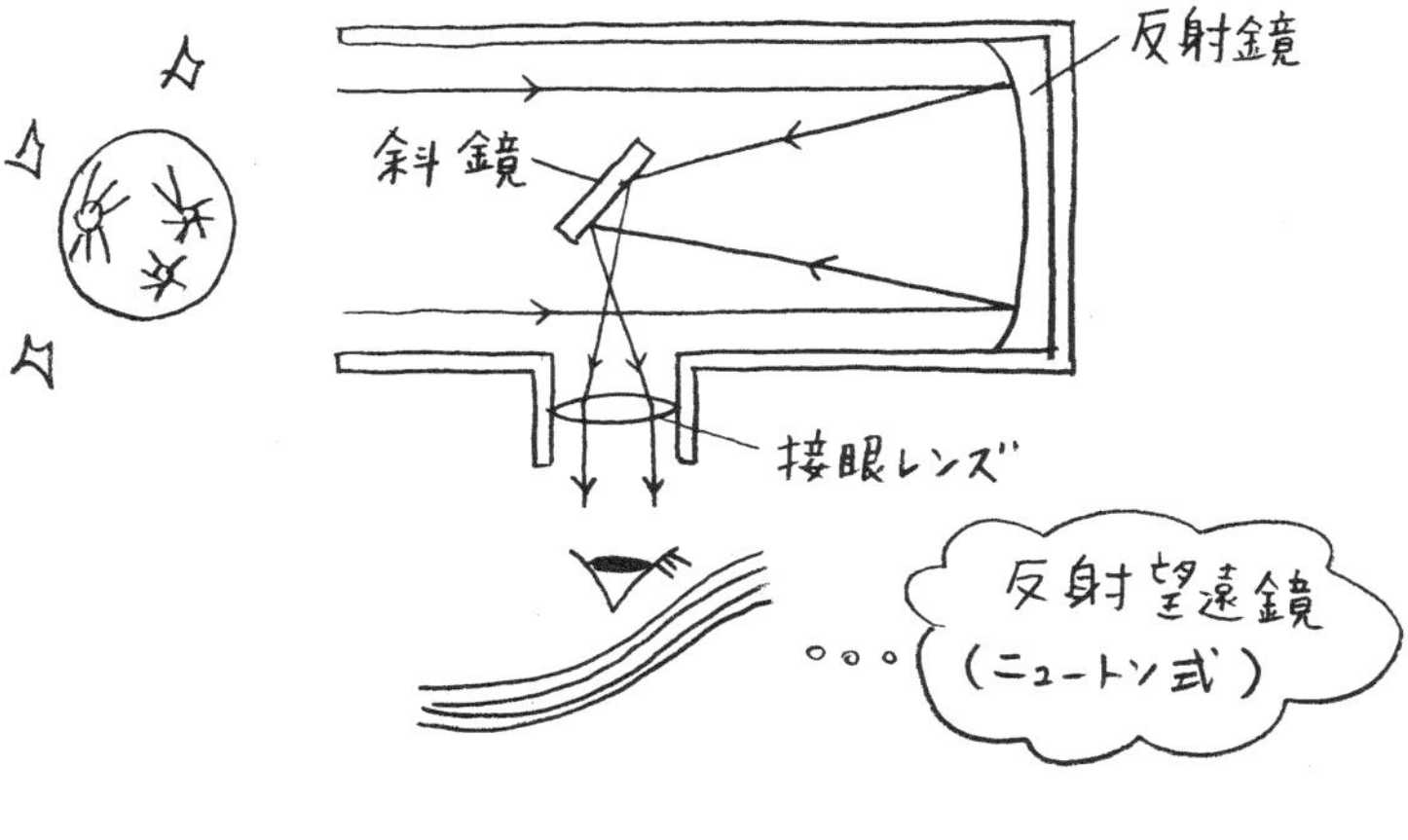
反射鏡
斜鏡
接眼レンズ
反射望遠鏡
（ニュートン式）

十七世紀には屈折望遠鏡が主流でしたが、天文学者たちは特に色収差の問題に悩まされ続けました。また、より明るい像を得るためには望遠鏡の口径を大きくしなければなりませんが、大きなレンズを作ることはかなり大変です。これに対して、大きな反射鏡を作ることは比較的簡単なので、十八世紀になると反射望遠鏡が取って代わります。天王星を発見したハーシェルが使ったのは、自作の反射望遠鏡でした。

しかし、反射望遠鏡には視野が狭いという短所があります。未知の惑星を探すためには、視野はできるだけ大きいほうが望ましいのです。そこで十八世紀の後半に、**色消しレンズ**を使った屈折望遠鏡が発明されました。材質が違うために屈折率が異なる二種類のガラスのレンズを組み合わせた色消しレンズを使うことで、色収差を除けるようになったのです。十九世紀になると、色消しレンズによる屈折望遠鏡が逆に主流になります。海王星を発見したガレが使ったのは、ベルリン天文台の最新鋭の屈折望遠鏡でした。

このように、望遠鏡の発展がひとびとの宇宙観を広げてきたのです。

銀河系の姿を思い描いたハーシェル

ひとびとが望遠鏡で観測したのは、太陽系の惑星だけではありません。夜空に無数に存在する星々に目を向け、星までの距離を測ろうとしたり、星の分布を調べようとしました。その先駆者は、天王星を発見したアマチュア天文家のハーシェル（153ページ）です。ハーシェルはドイツ（当時はプロイセン）のハノーバーで生まれました。父親は軍楽隊のオーボエ奏者であり、ハーシェルを始め六人の兄弟姉妹はみんな音楽家になったという音楽一家でした。音楽を教えてくれた家庭教師が星好きだったため、ハーシェルも天文学に関心を持つようになったそうです。

二十歳の時にイギリスに渡り、作曲家や教会のオルガン奏者として活躍しながら、次第に趣味の天体観測に没頭するようになります。ハーシェルは自ら鏡やレンズを磨いて反射望遠鏡をいくつも作り、毎晩のように星空を観測しました。そんなアマチュア天文家を一躍有名にしたのが、一七八一年、ハーシェルが四十二歳の時の天王星発見です。

その後、イギリス国王付の天文官として働きながら、ハーシェルは星々の詳細な観測を続けます。夜空をいくつもの区画に区切り、区画内の星の数と明るさを調べます。星の本来の明るさが一定だと仮定すると、地球を取り巻く星々の立体的な分布がわかるのです。

一七八五年にハーシェルは一枚の「地図」を発表しました（次ページの絵を参照）。これは、私たちを取り囲む星の大集団、すなわち銀河系（天の川銀河）の姿を初めて描き出したものであり、こんにち「ハーシェルの宇宙」と呼ばれています。

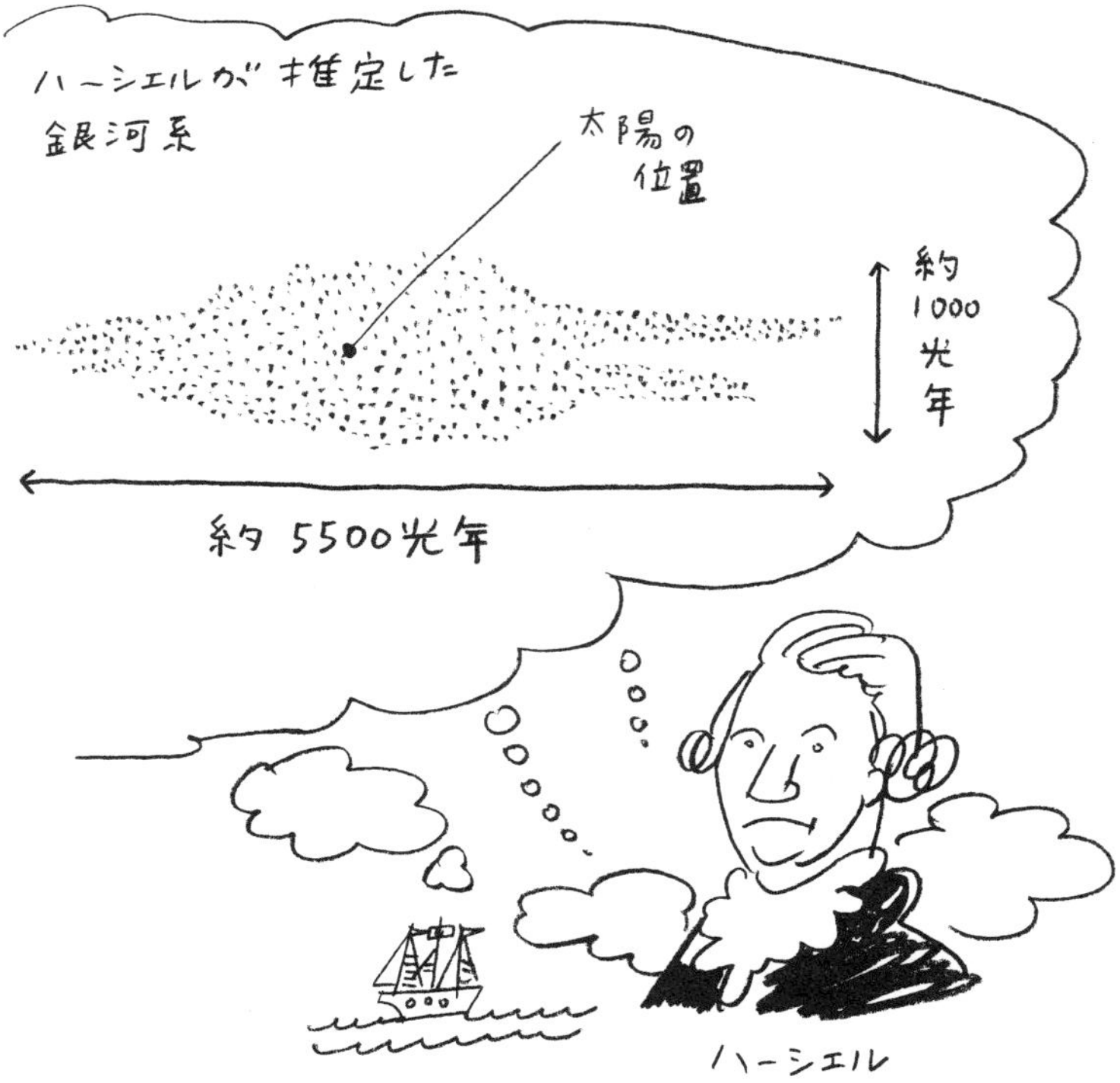
ハーシエルが推定した
銀河系
太陽の
位置
約
1000
光
年
約 5500光年
ハーシエル

ハーシェルは、私たちの太陽は直径約五五〇〇光年、厚み約一〇〇〇光年の、円盤の形をした巨大な星系の中心付近にいる、と考えました。実際の銀河系の大きさは、直径が約一〇万光年、中央部の厚みが約一万五〇〇〇光年で、太陽は中心から約二万六一〇〇光年も離れたところにあります。ハーシェルの予想とはだいぶ違いますが、それでも初めて銀河系の姿を思い描いた功績はすばらしいものです。

またハーシェルは、多くの**星雲**を観測しました。星雲とは、点状に輝く星とは違い、雲のようにぼんやりと広がって見える天体のことです。ハーシェルは、これらは私たちの星系（銀河系）の外にある別の星系だろうと予想しました。宇宙には多数の星雲が島のように点在しているというハーシェルの主張は「島宇宙仮説」と呼ばれます。

じつは、ハーシェルが観測した星雲には二つの種類がありました。一つは、今でも星雲と呼ばれているもので、これは私たちの銀河系の内部に存在する濃いガスの塊です。もう一つは、銀河系の外部にある星の大集団で、現在は銀河と呼ばれるものです。ハーシェルの時代はこの二つの区別がつかず、ともに星雲とされていたのですが、ハーシェルが思い描いたのはまさに、現在の宇宙観に近い宇宙の姿でした。

星の年周視差の検出から判明した宇宙の広大さ

先ほど銀河系の大きさについて「光年」という単位を使いました。光が一年間に進む距離が一光年で、約九兆四六〇〇億キロメートルになります。恒星や銀河までの距離を表すのに使われる単位です。

光年という単位を使うには、光の速度が正しく測定されていなければなりません。かつては無限の速さとさえ思われた光の速度を初めて測ったのは、デンマークの天文学者**レーマー**でした。レーマーは、木星の衛星イオが木星の影に隠れる「食」の時間が、地球と木星との距離によって変化するのは、光の速度が有限であるからだと考えたのです。そこで食の様子を詳しく観測し、光の速度を秒速約二一万キロメートルと計算しました。一六七六年のことです。実際の光の速度は真空中で秒速約三〇万キロメートルですが、当時の観測技術のレベルを考えるとかなり優秀だといえます。

さて、先ほど、ハーシェルが私たちの銀河系の大きさを直径約五五〇〇光年、厚み約一〇〇〇光年と推定したことをお話ししました。でも、当時はまだ星々までの距離もよくわかっていませんでした。それは星の年周視差を検出できていなかったからです。

前章（127ページ）でも触れましたが、地球が太陽の周囲を回るにつれて星の見える方向（視差）が変わることが年周視差です。年周視差の検出は地動説の直接の証拠になりますが、同時に年周視差がわかれば三角測量の要領で星までの距離を計算できます。しかし年周視差はごくわずかなので、肉眼での観測はもとより、望遠鏡を使った観測でもその検出はなかなか困難で、十八世紀の天文学者たちの悲願となっていたのです。

ようやく年周視差が測定されたのは、十九世紀に入ってだいぶ経った一八三〇年代のことです。一八三八年の一二月に、ドイツの天文学者**ベッセル**が恒星の年周視差の測定に成功したと発表しました。それははくちょう座六一番星という星で、年周視差はわずか〇・三二秒でした。これは一度の約一万分の一ですが、地球から満月を見た時の大きさ（視直径）が約〇・五度なので、その五〇〇〇分の一というごく小さなものです。そしてこの値からはくちょう座六一番星までの距離を計算すると、約一一光年になります。

翌一八三九年の一月には、イギリスの天文学者**ヘンダーソン**がケンタウルス座アルファ星までの年周視差を検出したと発表しました。ヘンダーソンはもっと早くに視差を検出していたのですが、観測の精度に自信が持てずに発表を控えていました。その結果、ベッセルに先に発表され、年周視差を初めて検出した人物となる栄誉を逃してしまったのです。

ベッセルやヘンダーソンが使ったのは、色消しレンズを使った屈折望遠鏡でした。望遠鏡の進歩によって天文学者の長年の悲願が成就したのです。また、ヘンダーソンが年周視差を検出したケンタウルス座アルファ星は、太陽を除いて地球にもっとも近い恒星です。そんな「お隣」の星でさえ、視差はたった〇・七六秒（約五〇〇〇分の一度）で、星までの距離は約四光年もあります。星と星との間がいかに遠く離れているか、そうした星々が散らばる宇宙がいかに広大であるかを、ひとびとは改めて教えられたのです。

手の届かない天体の物理的性質を知る方法

こうして十九世紀の前半までに、人類は太陽系の未知の惑星を発見し、恒星までの距離を測り、私たちの周囲の星が銀河系という集団を作っていることを知りました。広大な宇宙の中に星がどう分布していて、太陽や地球がどこにいるのかを知る、いいかえれば「宇宙の地図作り」が着々と進行していったのです。これは天体力学の輝かしい成果です。

しかし逆にいえば、それまでの天文学は地図作りだけに終始していたことになります。フランスの哲学者コントは、一八三五年に発表した著作の中で、「天文学とは天体の位置と運動を論ずるものだ」と述べています。はるか彼方にあって手の届かない宇宙の天体に対して、私たちができるのは、ただ「見ること」だけです。したがって、たとえば星がどんな物質からできているのか、その組成を知ることはできないと思われていました。ところが十九世紀の半ば頃になると、天文学はまったく新しい展開を見せます。地球以外の天体の物理的性質を科学的に探る**天体物理学**が誕生したのです。手に触れることができない天体のさまざまな情報を教えてくれるのは、天体からの光でした。

太陽の光をプリズム（三角柱の形をしたガラス）に通すと、虹色に分かれることはご存じかと思います。光の色とは、光の波長の違いを意味します。波長の短い紫の光や、波長の長い赤い光など、自然界の光はさまざまな波長の光が混ざり合っているのです。

一八一四年、ドイツの物理学者**フラウンホーファー**は太陽光をプリズムに通してみて、奇妙なことに気づきました。プリズムを通って虹色に分かれた太陽光をよく見ると、その中に真っ黒の縦線がいくつもあるのです。フラウンホーファーは太陽光の中に、全部で五七六本の黒線を見つけましたが、それが何を意味するのかわかりませんでした。

しかし一八五九年、ドイツの物理学者キルヒホッフが、食塩を燃やした時に出る黄色い光の波長が黒線の一つと一致することに気づきました。物質（元素）を高温にすると、その元素特有の波長の光を強く放ちます。これを「輝線《きせん》」といいます。一方、光源と観測者との間に別の元素があると、その元素は輝線の波長の光を吸収するために、その波長の光だけが観測者の元に届かなくなります。これを「吸収線」といいます。

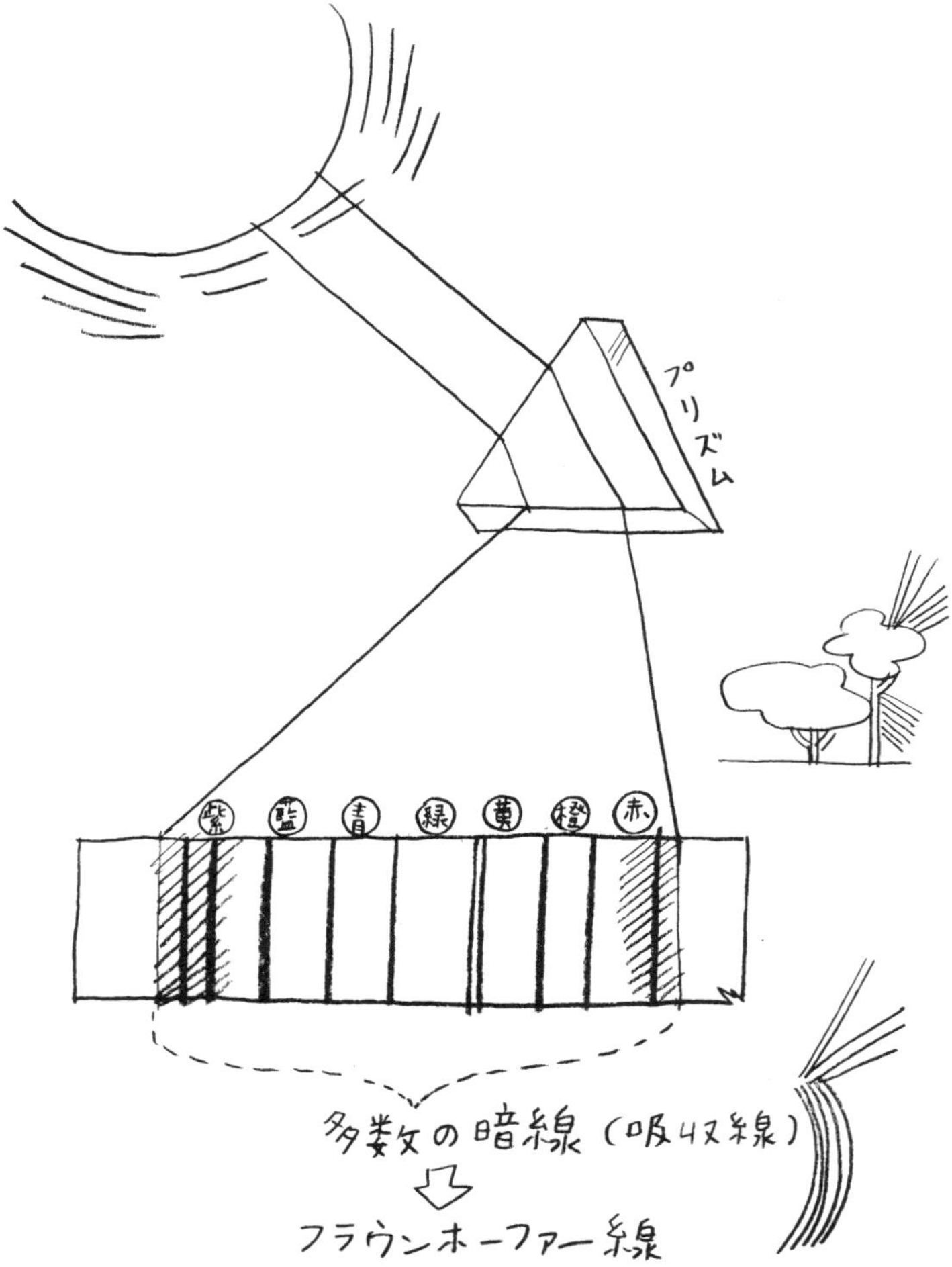
プリズム
紫
藍
青
緑
黄
橙
赤
多数の暗線（吸収線）
フラウンホーファー線

フラウンホーファーが見つけた黒線は、太陽光の中の吸収線です。それが食塩の輝線（正確には食塩を構成するナトリウムの輝線）と一致するということは、太陽の上層部の大気中にナトリウムが存在することを意味します。天文学は「天からの文」を読み解く学問ですが、天体からの光こそが天体の組成を教えてくれる手紙だったのです。

「太陽だけに存在する元素」の発見

ある光の中にどんな波長の光が含まれていて、波長ごとの光の強さがどのくらいかを調べることを「光の**スペクトル**を分析する」といいます。スペクトルとはもともと、「混ざり合ったものを分けて並べたもの」という意味です。太陽光をプリズムに通してその吸収線を調べることは、太陽光のスペクトルを分析していることに相当します。

フラウンホーファーが太陽光のスペクトルの中に見つけた多数の吸収線は、現在では**フラウンホーファー線**と呼ばれます。フラウンホーファー線を調べれば、太陽がどんな物質（元素）からできているかわかります。その結果、太陽には水素やカルシウム、鉄、ナトリウム、マグネシウム、ニッケルなどの元素があると判明しました。

しかし、フラウンホーファー線の一つは、地球上のどんな元素の輝線の波長とも一致しませんでした。そこで、これは地上にはなく太陽だけに存在する元素による吸収線だと考えられ、その未知の元素は「ヘリウム」と名づけられます。ギリシャ神話の太陽神ヘリオスにちなんだ名前です。その後、ヘリウムは地球の大気中にもあることがわかりましたが、星からの光はまだ知られていない元素の存在も教えてくれたのです。

星のスペクトル分析は、当初は太陽光の分析から始まりましたが、のちに他の恒星でもおこなわれるようになります。天文学者はスペクトルの特徴によって、恒星をいくつかのタイプに分類しました。このタイプを**スペクトル型**といい、おもにO型、B型、A型、F型、G型、K型、M型の七種類があります。人間でいえば血液型のようなものです。血液型が人間の性格に影響するというのは俗説ですが、恒星のスペクトル型は恒星の性格に大きく関係します。O型の星は色が青白く、B型、A型……と移るにつれて白から黄色、オレンジ色と変化し、最後のM型は赤い星です。また、星の色は星の表面の温度を表します。鉄を熱した時、最初は赤黒い色をしていますが、温度が上がるにつれてオレンジや黄色になり、最後には真っ白の眩しい光を放ちます。つまりO型に近い星ほど高温で、M型に近い星ほど低温ということになります。

天体物理学を後押しした写真術の発明

さて、望遠鏡の発達が天体力学を進展させたように、天体物理学の誕生にも新しいテクノロジーの後押しがありました。それは「写真術」です。

一八三九年、フランスの画家ダゲールが、銀板に画像を定着させる「ダゲレオタイプ」という方式の写真術を発明しました。このニュースを聞いた天文学者たちは、さっそくこれを天体観測に利用したのです。それまでは肉眼で見た天体の位置や形、明るさなどをスケッチで記録していました。スケッチに比べて、写真での記録は客観性・正確性という点で段違いに優れていることはいうまでもないですね。

写真術を使うことで、天文学者は星の明るさ（光度）を正確に測ることができるようになりました。乾板上の星の像の大きさや黒さから（明るい星ほど乾板上では黒い像になります）、星の光度を正確に判定できるのです。

そこで一八五六年には光度の定義も新たに決められました。かつて古代ギリシャのヒッパルコスは、全天でもっとも明るい星二〇個を一等星、肉眼でかろうじて見える暗い星を六等星として定義しました（94ページ）。これに対して新しい光度の定義では、一等星は六等星のちょうど一〇〇倍の明るさとし、一等級違うと明るさが約二・五倍違うものと定めたのです。こうした定量的な定義が可能になったのも、写真術のおかげです。

さらに、写真には肉眼観測では不可能な「長時間露光」という特技があります。遠方の恒星や銀河からの光はかすかなので、口径の大きな望遠鏡を使ってもなかなか観測できません。でも写真を何時間も露光しておけば、かすかな光であっても蓄積されて、写真乾板の上に像がはっきりと残るのです。

また、星の年周視差の測定も、写真術を使えば肉眼による観測よりもずっと正確におこなうことができます。このおかげで地球に比較的近い星までの距離を正確に測定できるようになりました。年周視差を測れないくらい遠方の天体までの距離は「変光星」という星を使って決めるのですが、そのやり方については次の章でお話しします。

星の一生を想像する理論

先ほど星の光度や等級のお話をしましたが、これは地球から見たその星の光度、つまり見かけの光度です。星本来の明るさ（**絶対光度**）が同じであっても、近くの星は遠くの星よりも明るく観測されます。写真術の活用により、星の見かけの光度と星までの距離を正確に決められると、星の絶対光度も同時にわかることになります。

星の絶対光度と、先ほどお話しした星のスペクトル型とを組み合わせると、星の物理的性質をさらに詳しく調べることができます。星の絶対光度を縦軸に、スペクトル型を横軸にして、さまざまな星がどこに分類されるかを表した図を**HR図**《エイチアール》といい、次ページの図のようなものになります。この図を考案したヘルツシュプリング、ラッセルという二人の天文学者の名前をとって命名されました。

HR図を見ると、星は大きく三種類に分かれます。一つ目は、図の左上から右下へと斜めに走るグループで、これは**主系列星**《しゅけいれつせい》といいます。大部分の星はこの主系列星に属します。二つ目は、図の右上のほうにあるグループで、これは**巨星**や**超巨星**といいます。三つ目が、図の左下にあるグループで、**白色矮星**《はくしょくわいせい》と呼ばれます。

天文学者たちはこの図から、「星の一生」を読み取ろうとしました。当初の理論では、星はまず大きくて赤い（温度が低い）巨星として生まれると考えられました。巨星は自分の重力によって収縮して次第に高温になり、図の左側に移って若い主系列星の星になります。その後、星は燃えながら次第に温度を下げ、主系列星のグループの中を右下のほうに移っていき、ついには燃え尽きて一生を終えるのではないかと考えられました。これを**星の進化**の理論といいます。「進化」というと、生物の進化が頭に浮かぶかもしれませんが、

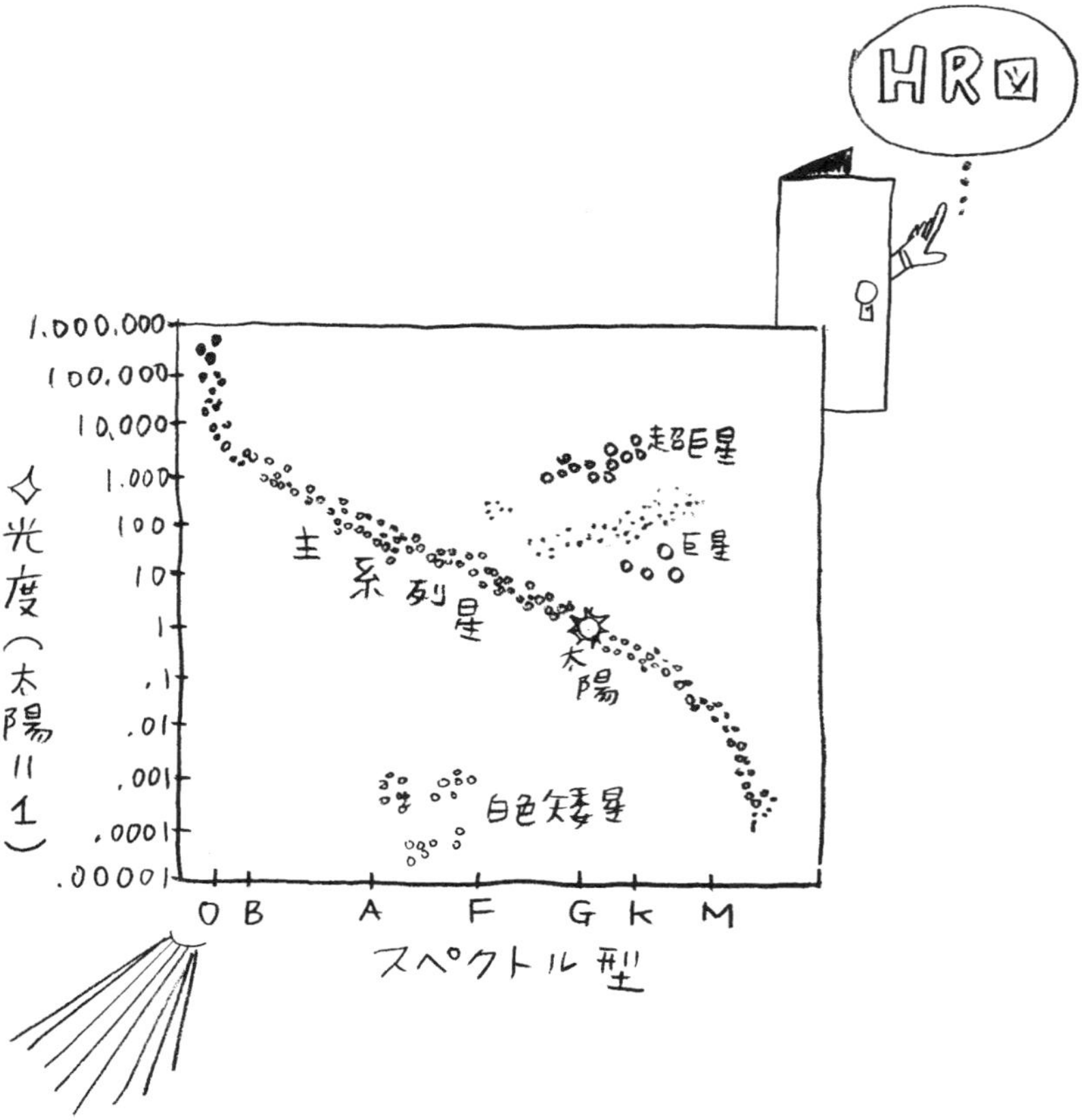
HR図
1.000.000
100.000
10.000
1.000
100
10
1
.1
.01
.001
.0001
.00001
光度（太陽＝1）
超巨星
巨星
主系列星
太陽
白色矮星
O B A F G K M
スペクトル型

星や宇宙が時間の経過にしたがって姿を変えていくことも進化と呼びます。

しかし、十九世紀後半には、星がどんなしくみで燃えているのか不明でした。HR図の中で、太陽は主系列星の真ん中あたりに位置しています。当初の星の進化の理論でいうと、太陽は進化の最終段階近くまで来ていて、もうすぐ燃え尽きてしまうように思えます。

二十世紀になり、原子や原子核の構造がわかると、星は**核融合**というしくみによって燃えていることがわかりました。この場合、星の進化のシナリオはまったく変わります。生まれたばかりの星は、基本的に主系列星の右下からスタートし、核融合の反応が進むにつれて温度を上げて左上のほうに移っていきます。重い星ほど温度が上がるので、より左上まで移動します。そして核融合反応が安定すると、主系列星の中の一定の場所にしばらくとどまります。五〇億歳である太陽は現在、この安定期にあり、この後五〇億年は安定して輝き続けると考えられています。

そして核融合の燃料である水素を大部分使い果たすと、星は老年期を迎え、星の表面が膨張して温度が下がり、巨星に変化します。その後、軽い巨星は表面の大気が飛んで中心の高温部が見えて、小さくて高温の白色矮星になり、ゆっくりと冷えて宇宙の中に消えていきます。一方、重い巨星の場合は、核融合反応がさらに進行して温度が上がり、最後には超新星爆発を起こして華麗な最期を遂げるのです。

こうして星からの光を分析することで、ひとびとは手に触れることのできない星の性質を知り、人生よりもはるかに長い星の一生までも想像できるようになったのです。

ドップラー効果からわかる天体の動き

星のスペクトル分析による成果で、もう一つ大事なものがあります。それは**ドップラー効果**から星の運動速度がわかるということです。

救急車が近づく時は救急車のサイレンが高い音に聞こえ、逆に救急車が遠ざかる時にはサイレンが低い音に聞こえる、というのがドップラー効果です。音源と観測者とが近づく場合には、音（音波）の波長が圧縮されて短く観測されるので、高い音に聞こえます。逆に音源と観測者とが互いに遠ざかる場合は、音の波長が引き伸ばされて長く観測されるので、低い音に聞こえるのです。

さて、ドップラー効果は波としての性質を持つものに生じます。光にも波としての性質があるので、光にもドップラー効果が現れるのです。

たとえば、ある星が黄色い光を放っているとします。もしこの星が地球から遠ざかっているとしたら、ドップラー効果によって星の光の波長が引き伸ばされて観測されます。光の波長は光の色と関係するので、元の光が黄色の場合、地球から見ると波長が引き伸ばされた星の光は赤っぽく見えることになります。これを赤いほうへ移るという意味で**赤方偏《せきほうへん》移《い》**といいます。逆に星と地球とが互いに近づく時は、光の波長が縮んで見えるので、青っぽい光として観測されます。これを**青方偏移**といいます。

では、赤く見える星があった場合、これはもともと赤い光なのでしょうか、それとも黄色い光が赤方偏移によって波長が引き伸ばされたものなのでしょうか。それは光のスペクトルを分析すればわかります。スペクトルの中の吸収線の波長を調べて、それが私たちの知っている元素のものと一致していれば、その光は波長が変化していないことになります。もし吸収線の波長がみんな一律に長くなっていたり短くなっていたりすれば、それはドップラー効果を受けていると判断できるのです。

したがって、スペクトルを分析すれば、星や銀河などの運動速度（正確には視線方向の運動速度）がわかることになります。これと天体の絶対光度とを組み合わせることで、たとえば銀河の渦巻き構造がどうやってできたのかを考えることができます。また銀河の運動速度を調べれば、宇宙全体が膨張していることを明らかにできるのです。これらの研究は二十世紀におこなわれたものなので、詳しいお話は次の章（第六夜）に譲りましょう。

それでは、今晩はこのあたりで。おやすみなさい。

第六夜

ビッグバン

宇宙論の登場

大きさや形を変えるダイナミックな宇宙

こんばんは。今夜はいよいよ、二十世紀の宇宙観についてお話ししましょう。

天文学の発達によって、ひとびとの宇宙観は劇的に変わってしまいました。昔のひとびとが思い描いていたのは、比較的小さくて、人間にとって身近な宇宙でした。だからこそ、天の異変が地上にも影響を与えるに違いないという見方が生まれたりしたのです。

けれど実際の宇宙は、無数の星々、無数の銀河が散らばる、果てしなく広大なものでした。ものすごく桁の大きな数字のことを「天文学的な数字」といったりしますよね。宇宙の大きさはまさに、天文学的なものだったのです。でも一方で、古代ギリシャの時代からまったく変わらなかったものもあります。それは「宇宙はその姿を変えないのだ」という考えです。もちろん、宇宙の中では、新しい星が生まれたり、年老いた星が燃え尽きたりと、さまざまな変化があります。でもそれは、宇宙の「中身」の変化です。中身は変化しても、宇宙という「器」自体の形や大きさは変化しない、過去から未来までずっと一定なのだ、と考えられていたのです。そうした宇宙を専門用語で**静的な宇宙**といいます。何も変化しない、静かな宇宙ということです。

この静的な宇宙観が、二十世紀に入って破られることになります。宇宙は大きさや形を劇的に変える、「**動的**（ダイナミック）**な宇宙**」だったのです。

宇宙が動的であることを提唱したのは、ベルギー人のルメートルでした。物理学者であり、同時にキリスト教の神父でもあったルメートルは、こういいました。

「宇宙はかつて、『宇宙の卵』と呼べるような、たった一つの小さな原子だった。それがどんどん成長して、今のような広大な宇宙になったのだ」

昔の宇宙はたった一つの原子、「宇宙の卵」だったなんて、まるで古代の宇宙創世神話のような言い分ですよね。でも、ルメートルは別に神話を信じていたわけではなく、最新の科学理論に基づいて動的な宇宙説を唱えたのです。その理論とは、あのアインシュタインが打ち立てた偉大な理論、相対性理論です。

ところが、アインシュタインは当初、ルメートルの説に猛反対したので、話がややこしくなります。静的な宇宙を信じていたアインシュタインは「君の考えは忌まわしいね」と初対面のルメートルを一蹴したほどでした。はたして、アインシュタイン対ルメートルの論争はどんな展開をたどったのか、それをこれからお話ししていきましょう。

科学者たちを悩ませた光の速度の謎

まずは、現代宇宙論の「生みの親」でもある**相対性理論**について、簡単に説明しましょう。ドイツの物理学者**アインシュタイン**が相対性理論を発表したのは、一九〇五年のことでした。当時、アインシュタインはまだ二十六歳で、希望していた大学の講師になれずに特許局で特許書類の審査をするという仕事をしていて、仕事の合間に相対性理論を作ったのです。ただし、この時発表したのは、基本的な理論である「特殊相対性理論」でした。それから一〇年かけて、それを発展させた「一般相対性理論」を完成させます。

ところで、アインシュタインが登場する前の十九世紀の末、物理学はほぼ「完成」された学問だと考えられていました。ニュートンが打ち立てた「ニュートン力学」を使えば、地球上の物体の動きはもちろん、宇宙にある天体の運行まで、簡単な数式で表すことができました。海王星の発見（154ページ）のように、未知の惑星の存在を予言することさえ可能でした。そのため、人間の英知は自然界の真理をすべて解き明かしたと科学者たちは自負していたのです。

ところが、科学者にとって頭痛の種が一つだけありました。それは「光の速度」に関する謎でした。光の速度は、誰が測っても、いつも同じ値になってしまうのです。

たとえば、止まっている人が通過する新幹線を見た時、新幹線の速度が時速二〇〇キロメートルと計測されたとします。でも、自分も時速二〇〇キロメートルで走る新幹線に乗っていて、向こうからやって来る新幹線とすれ違う時には、相手の速度は時速四〇〇キロメートルに見えますよね。このように、速度は必ず「それを見ている人に対しての」速度として計測され、その「見ている人」の運動の様子によってさまざまな値に変化するものなのです。難しい言い方をすると「速度は相対的なものである」となります。

それなのに、光の速度だけは、どんな動きをしている人が測っても、常に一定の値に計測されてしまうのです。たとえば、地球は太陽の周囲を、秒速約三〇キロメートルの速さで運動（公転）しています。とすると、公転とほぼ同じ向きである東西方向に進む光は、公転方向にほぼ垂直である南北方向に進む光と比べて、公転速度の分だけ速度が違って見えるはずです。ところが、多くの科学者が実験を繰り返しても、東西方向と南北方向の光は常に同じ速度として計測されてしまいました。何でこんなおかしなことになるのだろうと、世界中の科学者たちが頭を悩ませていたのです。

光時計を使った思考実験

この難問を解決したのが、弱冠二十六歳のアインシュタインが打ち立てた相対性理論でした。アインシュタインの解決方法は、シンプルかつ大胆でした。光の速度が一定になるのを「おかしい」とは考えず、「それが光の性質なのだ」と素直に受け入れたのです。そしてこの**光速度不変の原理**を前提にして、あらゆる物理法則を見直した結果、アインシュタインは常識を覆す真理を次々と発見しました。その最たるものは「**動いている時計は、止まっている時計よりもゆっくりと進む**」という真理です。

この不思議な真理を検証するために、次のような実験をしてみます。

筒の長さが三〇センチメートルで、筒の上と下に鏡がついていて、その間を光が往復しているという「光時計」を作ります。光は一ナノ秒（一〇億分の一秒）の間に約三〇センチメートル進みます。したがって光は一ナノ秒ごとに筒の内部を往復し、そのたびに光時計はカチカチと時を刻むのです。そしてこの光時計を、光の九〇パーセントの速度で進む宇宙船に乗せたとしましょう。ただし、光時計の筒の上下方向と、宇宙船の進行方向とは、ちょうど垂直になるように光時計を設置します。

もちろん、一ナノ秒ごとに時を刻む光時計を作ることや、光の九〇パーセントもの速さで進む宇宙船を建造することは、現在の私たちのテクノロジーでは不可能です。でも、もしそれが可能だったらと想像して、頭の中でおこなうものを**思考実験**といいます。アインシュタインはこの思考実験が非常に得意だったそうです。

さて、宇宙船がある星の近くを通った時、その星に住む宇宙人が光時計の様子を見たとします。光が時計の内部を往復している間に、宇宙船は光の九〇パーセントの速度で進んでいます。ですから宇宙人には、光時計もいっしょに移動し、時計の内部の光はそれに合わせてジグザグの経路を描きながら反射を繰り返しているように見えます。

絵に描くとわかりますが（次ページの図を参照）、時計内の下側の鏡で反射した光が上側の鏡に届くまでに、光は三〇センチメートルよりも長い距離を進むことになります。ですが、光速度不変の原理により、光は一ナノ秒で三〇センチメートルしか進めません。そこで宇宙人から見ると、光の往復には一ナノ秒よりも長い時間がかかり、光時計はゆっくり時を刻むことになります。つまり、動いている時計はゆっくりと進むのです。

これは時計だけに起きる現象ではなく、あらゆるものは速く動けば動くほど、時間の流れがゆっくりになります。ですから、光に近い速さで進む宇宙船に宇宙飛行士が乗りこめば、宇宙飛行士の寿命だって延びるのです。ＳＦではこれを**ウラシマ効果**と呼んだりして

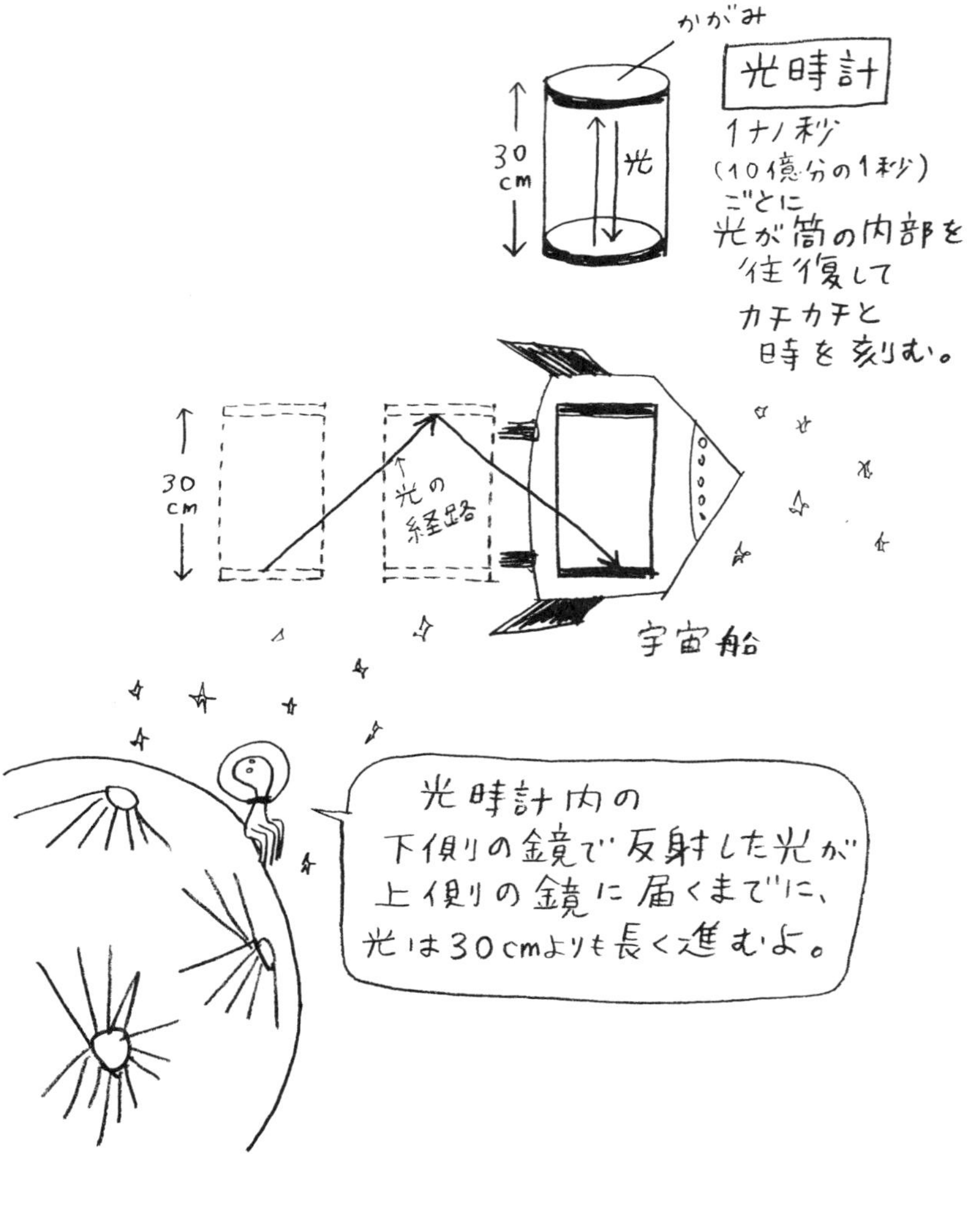

光時計
かがみ
30cm
光
1ナノ秒
(10億分の1秒)
ごとに
光が筒の内部を
往復して
カチカチと
時を刻む。
30cm
光の
経路
宇宙船
光時計内の
下側の鏡で反射した光が
上側の鏡に届くまでに、
光は30cmよりも長く進むよ。

います。

とはいえ、時間の流れの変化は、物体の移動速度が光の速さに近づいた時に初めて大きく現れます。私たちが現在持っているテクノロジーでは、光の速さの一万分の一程度の速度の宇宙船しか作れないので、時間がゆっくり進む様子を実感するのは不可能なのです。

空間の曲がりが引き起こす重力

相対性理論によると、動いている時計はゆっくりと時を刻みます。つまり時間（あるいは時間の尺度）というものは、一定の速さで淡々と流れるものではなく、場合によって速くなったり遅くなったりと「伸び縮み」するものだったのですね。

また相対性理論は「**動いている物体は、進行方向の長さが縮む**」という真理も明らかにしました。これは、固い物体が物理的にぎゅっと縮んでしまうわけではなく、空間（あるいは空間の尺度）というものは伸び縮みするのだ、という意味です。

このように、相対性理論は時間や空間のイメージを一新してしまいました。従来、時間や空間というものは、他の何者にも影響されず、また伸び縮みなどしない、永遠不変の存在だと信じられてきました。145ページでニュートンが考えた「絶対時間」と「絶対空間」

について話しましたが、永遠かつ無限である絶対時間や絶対空間の性質は、まさにこういうものです。でも相対性理論は、絶対空間や絶対時間の存在を否定しました。時間や空間は「絶対」のものではなく、互いに影響し合いながら伸び縮みする「相対」的なものである、ということを明らかにしたので、「相対性理論」という名前がついたのですね。

さて、相対性理論が明らかにした真理に、もう一つ大事なものがあります。それは「**物体があると、その周囲の空間は曲がる**」ということです。じつはこれこそが、大きさや姿を変える「動的な宇宙」という話に直結するものになります。

三次元の空間が「曲がる」といわれても、ちょっとイメージしにくいでしょうから、ここでは代わりに二次元の平面を使って説明してみます。

ここでいう平面とは、柔らかくて弾力のある、薄いゴムのシートのようなものだと思って下さい(次ページの図を参照)。このゴムシートの上に野球のボールをのせると、ボールの重さでゴムシートはへこんで表面が曲がりますよね。これが「平面の曲がり」です。

さらに、最初のボールから少し離れたところに、ボールをもう一つのせてみます。するとゴムシートはさらにへこんで曲がります。それだけでなく、二つのボールはゴムシートの曲がりに沿って転がって近づき、最後にはくっついてしまいますよね。これはまるで、二つのボールが互いに引かれ合ってくっついたような感じです。

ゴムシートの上にボールをのせると、
ボールの重さでゴムシートはへこんで曲がる。

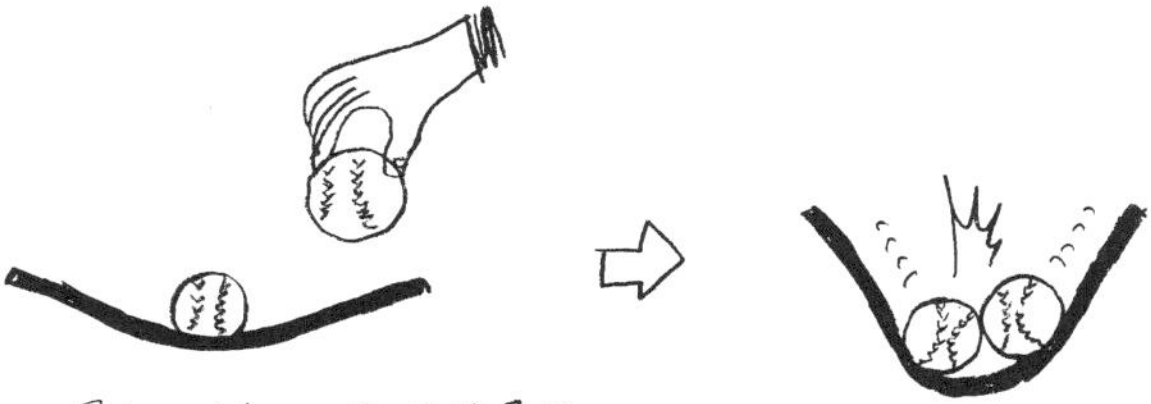

別のボールをのせると、

ゴムシートはさらに曲がり、
2つのボールは近づいてくっつく。

もうおわかりですね。ボールをのせると平面であるゴムのシートが曲がるように、物体があるとその周囲の空間は曲がるのだ、というのがアインシュタインの画期的なひらめきだったのです。そしてその曲がった空間の中で物体の状態を見ていると、二つの物体がお互いに引き合って近づいたり、軽い物体が重い物体に引かれて落ちていったりするような運動が起きます。私たちはこれを「重力」による運動と呼んでいますよね。ということは、重力という力は、空間の曲がりが引き起こしているものだったのです。

日食の観測で相対性理論の正しさを証明

ニュートンが発見した重力の法則（万有引力の法則）のおかげで、私たちは重力によって物体がどんな運動をするかを予測できるようになりました。でも「なぜ重力という力が働くのか」という、そのしくみについては、誰も説明できなかったのです。

これに答えを示したのが相対性理論でした。物体（物質）があると周囲の空間が曲がり、その曲がりによって引き起こされるのが重力である、ということだったのですね。そのため、相対性理論は万有引力の法則に代わる、新たな重力の理論となりました。

でも、物体があると周囲の空間が曲がっているなんて、本当なのでしょうか。私たちのまわりの空間も、私たちがいるために曲がっているのでしょうか。

答えは「イエス」です。ただし、その曲がり具合はごくわずかなので、それを観測することは不可能です。星のように巨大な質量（重さ）を持つ物体になって初めて、周囲の空間が曲がっていることを確認できるようになります。

そこでアインシュタインは、太陽の近くを通る光の進路を調べれば、空間が本当に曲がっていることが確かめられると主張しました。光は遮るものがない限り一直線に進みますが、空間自体が曲がっていると、光の進路も空間の曲がりに沿って曲がってしまうのです。

とはいえ、太陽は非常に眩しいので、その近くを通る光の進路を調べることは、普通は不可能です。でも、月が太陽を隠す日食の際には、太陽のすぐ近くに見える星からの光が観測できます。その星の位置が、太陽が近くにいない時、つまり夜見えている時に比べてずれているかどうかを調べれば、空間が曲がっているかどうかが調べられるのです。

一九一九年、イギリスの天文学者**エディントン**が、南半球で起きた日食を観測しました。その結果、太陽の近くの星の位置が、夜に見える場合に比べて約一・六秒角だけずれていることが確かめられました（次ページの図を参照）。一秒角とは一度の三六〇〇分の一のことです。ごくわずかな角度ですが、それは相対性理論が予想していたずれの幅（一・七五秒角）と近く、観測誤差を考えれば相対性理論の正しさを実証したといえました。

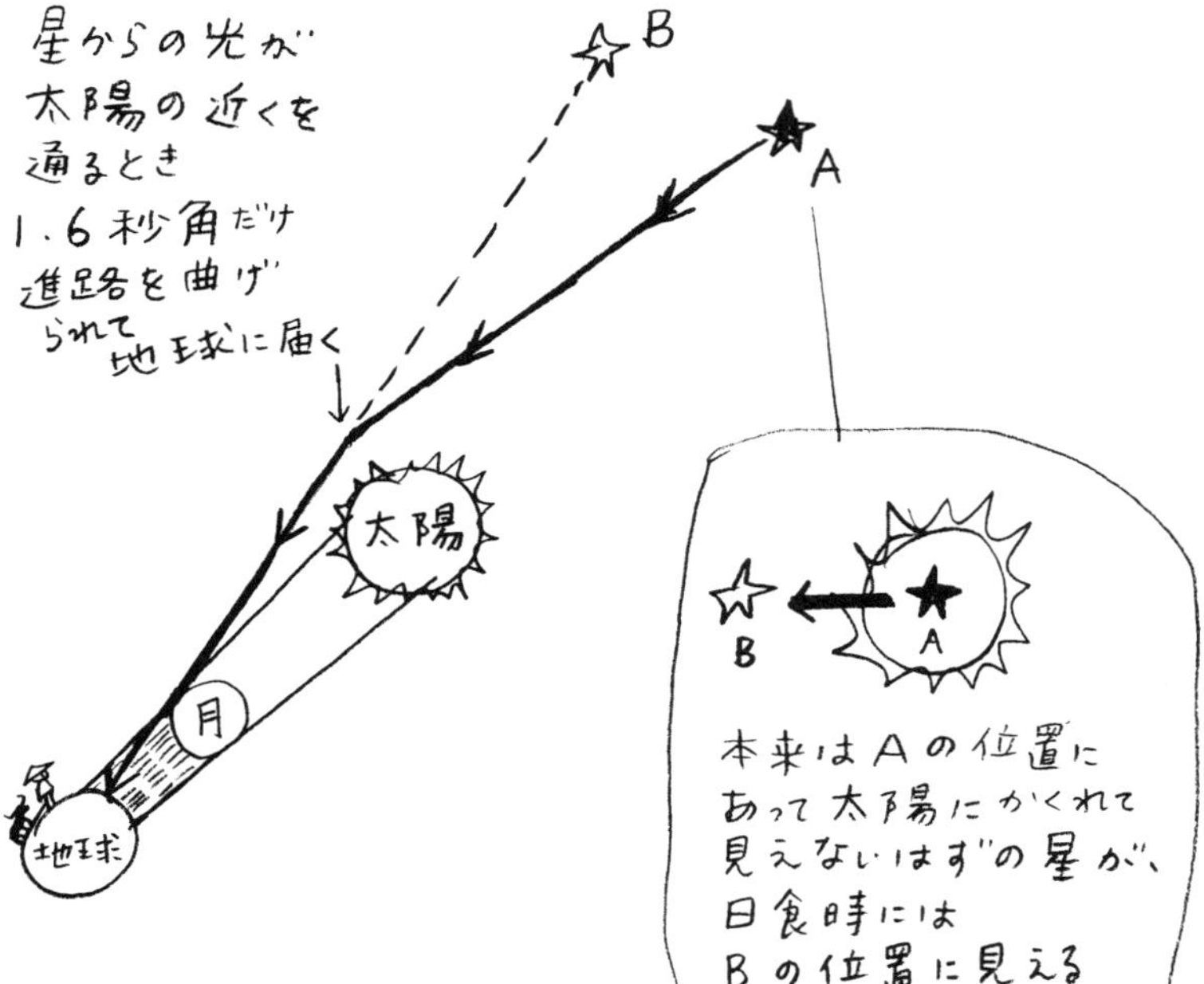
星からの光が
太陽の近くを
通るとき
1.6秒角だけ
進路を曲げ
られて地球に届く
B
A
太陽
月
地球
B
A
本来はAの位置に
あって太陽にかくれて
見えないはずの星が、
日食時には
Bの位置に見える

このニュースはただちに世界中に報道されました。そしてそれまでアインシュタインの説に半信半疑だった人たちも、このニュースを聞いて相対性理論の正しさを認めるようになったのです。ニュートンの母国イギリスの新聞でさえ、「アインシュタインはニュートンを超える天才科学者だ」と絶賛したそうです。こうしてアインシュタインは、世界中の誰もが知っているもっとも有名な科学者になったのですね。

静的な宇宙を信じたアインシュタインの宇宙モデル

ではいよいよ、相対性理論に基づく「動的な宇宙観」のお話に入りましょう。

先ほどもお話ししたように、相対性理論は「物体があると、その周囲の空間は曲がる」という真理を明らかにしました。とはいえ、私たちのからだくらいの重さの物体では、周囲の空間はほとんど曲がっていません。地球くらいの重さの天体であっても、ほぼまっすぐです。太陽ほどの巨大な天体になって初めて、周囲の空間の曲がり具合が光の進路に影響を与えることになります。

では、宇宙全体を考えるとどうでしょうか。宇宙の中には、星の大集団である銀河や、銀河の集団である銀河団などがたくさんあります。こうした星々や銀河の存在は、その周囲の宇宙空間に、あるいは宇宙全体に、どんな影響を与えるのでしょうか。

そこでアインシュタインは自分が作った相対性理論を基にして、宇宙全体の姿を考えてみました。すると出てきた答え、それが「動的な宇宙」というものでした。銀河などの存在によって宇宙空間は大きく曲がり、そのために大きさや形を一定に保つことができず、膨張や収縮を行うという結論が導かれたのです。

これにはアインシュタインも頭を抱えてしまいました。なぜなら、宇宙は大きさや形を変えずに、永遠の過去から永遠の未来まで同じ姿で存在するという、いわゆる「静的な宇宙像」をアインシュタインも信じていたからです。

そこでアインシュタインは、自分が作った相対性理論を作り替えて、つじつまを合わせようとしました。相対性理論の方程式に手を加えて、空間が「反発力」を持つことにしてしまったのです。相対性理論によると、銀河など宇宙の内部にある物質は周囲の空間を曲げ、そのために重力が働き、宇宙は大きさや姿を変えてしまいます。これを避けるために、空間自体が反発力を持つと仮定すれば、重力と反発力がちょうど釣り合うので、宇宙は一定の大きさでいられるのです。

一九一七年にアインシュタインは、手を加えた相対性理論の方程式に基づいて、宇宙が一定の姿を保っているという説を発表しました。これを**アインシュタインの宇宙モデル**といいます。また、方程式の中でアインシュタインが仮定した「空間が持つ反発力」の部分は、**宇宙項**と呼ばれています。

宇宙は膨張すると最初に唱えたフリードマン

宇宙は永遠不変の存在だということは、当時は疑う余地のない「常識」でした。ですからアインシュタインのとった行動について、やむをえない部分はあると思います。とはいえ、相対性理論によって従来の常識を次々と覆したアインシュタインでさえ、宇宙については常識にとらわれていたというのは、興味深いことですね。

ところが、アインシュタインの説に真っ向から反対する者が現れます。一九二二年にロシアの数学者**フリードマン**が、宇宙項のない相対性理論の方程式を使って、「宇宙は膨張したり収縮したりするのではないか」という論文を発表したのです。

フリードマンの論文を読んだアインシュタインはひどく怒り、最初は「彼は計算を間違えている」と言い放ったそうです。やがて、計算に間違いのないことがわかると、「数学的には正しいかもしれないが、宇宙が膨張や収縮をすることは物理的にはありえない」と断言しました。

たとえば「面積が四平方メートルである正方形の、一辺の長さは何メートルか?」という問題があったとします。一辺の長さを x メートルとして、$x^2 = 4$ という方程式を解けば、x = プラス2とマイナス2という二つの答えが「数学的には」出てきます。でも、正方形の一辺の長さがマイナスになることは「物理的には」ありえませんよね。したがって、プラス2だけが正解だ、と私たちは考えます。

このように、数学的には宇宙が膨張や収縮をおこなうという「答え」が出たとしても、それは実際にはありえないのだ、というのがアインシュタインの考えでした。一方で、数学者だったフリードマンは、数学的な可能性を指摘するだけで満足し、自分の説を物理的に裏付けするために天文学的なデータを集めたりすることはなかったようです。しかも、フリードマンがまもなく急死してしまったため、「膨張や収縮をする宇宙」というアイデアはしばらく置き捨てられることになってしまいました。

科学と宗教を区別することを学んだ少年ルメートル

そしていよいよ「宇宙は小さな『宇宙の卵』から生まれた」という説を唱えた**ルメートル**が登場します。一八九四年にベルギーのシャルルロアという町に生まれたルメートルは、カトリック系の学校に通い、数学や物理などで優秀な成績を挙げていたそうです。

学生時代のルメートルのエピソードで、とても興味深いものがあります。ある時ルメートル少年は、聖書の「創世記」の中のある一節が、人間がのちに科学を生み出し、発展させていくことを予言しているものだと感じたそうです。「聖書はあらゆることを予見していたのだ」と思ったルメートルは、興奮しながらこの考えを担任である神父に伝えました。するとその神父は、こういってルメートルを戒めたそうです。

「聖書の記述の中に、科学の発展を予見したように思える箇所があったとしても、それは偶然にすぎないよ。君の考えは『聖書は科学的に正しいことを教えている』という愚かな主張をする人を増やすだけだ。実際にいえるのは、聖書の中には、預言者の誰かが科学的に正しい推測をおこなっている部分もところどころある、ということだけなのだよ」

神父は、科学と宗教とを注意深く区別しなければならないことをルメートルに教えてくれたのですね。ルメートルの胸の中に、神父のこの言葉は生涯とどまったようです。

さて、カトリックの司祭を職業に選んだ後も、ルメートルは科学に関心を持ち続け、特に当時の最新理論である相対性理論に強い興味を持ちます。そこでイギリスに留学して、天文学者のエディントンから相対性理論と天文学を学びます。日食の観測によって相対性理論の正しさを証明したエディントンは、アインシュタインに次ぐ相対性理論の権威でした。また、天文学を学んだことで、ルメートルは相対性理論を基に実際の宇宙の姿を説明することを志すようになったのです。

ルメートルは一九二七年に、アインシュタインが提唱した宇宙項を取り入れた上で、それでもやはり宇宙は膨張するとして、かつて小さかった宇宙が膨張して現在の姿になったという「動的な宇宙モデル」の論文を発表します。ただしルメートルは、この論文をベルギーのあまり有名ではない雑誌に投稿したため、欧米の科学者の目にはほとんど触れませんでした。

ルメートルが論文を発表してまもなく、ベルギーの首都ブリュッセルで、物理学者の国際会議が開かれた際、ルメートルはアインシュタインに会うことができました。といっても、アインシュタインは足早にルメートルに近づくと「君の計算は正しい。でも君の考えは忌まわしいね」とだけいって立ち去ったそうです。静的な宇宙を信じるアインシュタインにとって、膨張する宇宙なんて忌まわしいものでしかなかったのでしょうね。

しかしルメートルは、世界でもっとも偉大な科学者から相手にされなくても、自説を放棄するつもりはありませんでした。「アインシュタイン先生は、天文学の最新の研究動向をご存じないので、そう考えるのも無理はない」とも思ったそうです。そしてその二年後、天文学の衝撃的な成果がアインシュタインを打ちのめすことになります。

宇宙は小さな「宇宙の卵」から生まれたのでは？
ルメートル

君の考えは忌まわしいね。
アインシュタイン

アンドロメダ「星雲」までの距離を測定したハッブル

一九二九年、アメリカの天文学者**ハッブル**は「すべての銀河が私たちから遠ざかり、その後退速度が銀河までの距離に比例していることを発見した」と発表しました。これこそが、宇宙が膨張をしていることを示す決定的な証拠になったのです。

ハッブルは、いわゆる「万能の天才」タイプの人だったそうです。若い頃は陸上競技やボクシングに熱中し、ボクシングでは世界チャンピオンに挑戦するという話まであったといいます（一部の「伝説」はかなり誇張されているともいわれているそうですが）。大学の法学部を卒業した後、いったん弁護士となりますが、学生時代に興味を持った天文学をあきらめられず、大学に戻って天文学を修めます。その後、アメリカ西海岸のウィルソン山天文台に勤務し、当時の世界最大口径（二・五メートル）の反射望遠鏡を使って、さまざまな「星雲」の観測を始めたのです。

当時の天文学にとって、星雲の研究は花形の一つでした。特に、大きな渦巻き模様で知られる「アンドロメダ星雲」が、私たちの銀河系（天の川銀河）の中にあるのか、それとも外にあるのかをめぐって、激しい論争が繰り広げられていたのです。

これに決着をつけたのが、ハッブルでした。一九二四年、ハッブルはアンドロメダ星雲までの距離が「約九〇万光年」であると発表したのです。銀河系の大きさは直径約一〇万光年ですから、アンドロメダ星雲は銀河系の外にあり、銀河系と同じ星の大集団である「アンドロメダ銀河」だったとわかったのですね。

ハッブルがアンドロメダ銀河までの距離を測る際に「物差し」としたのは、**セファイド変光星**という星でした。星の明るさが変化する「変光星」にはさまざまな種類がありますが、その中でセファイド変光星と呼ばれるものは面白い特徴を持っています。明るさが周期的に変化し、しかもその周期（変光周期）が長いほど、その星の本来の明るさ（絶対光度）が明るいのです。したがって、同じ変光周期のセファイド変光星が見つかった時、見かけの明るさが暗いもののほうがより遠くにあると判断できます。

天体までの距離を年周視差の測定によって求める方法は、遠方の天体ほど年周視差がわずかな値になって測定に困難が生じるので、現在でも二万光年程度の距離しか測れません。一方、セファイド変光星には非常に明るいものがあり、それを使えば六〇〇〇万光年ほど先までの距離測定が可能です。

ハッブルはアンドロメダ銀河の中にセファイド変光星を見つけて、それを使って九〇万光年という距離を算出しました。ただし現在では、アンドロメダ銀河までの距離は約二三〇万光年に修正されています。ハッブルは別の種類の変光星をセファイド変光星だと勘違いして計算したので、本当の距離よりも短く見積もってしまったのです。

宇宙が膨張していることを示すハッブルの法則

さて、ハッブルはさらにさまざまな「星雲」までの距離を測り、それらが銀河系の外にある別の銀河であることを突き止めていきます。また、それらの銀河がどんな動きをしているかを調べました。ドップラー効果を使って天体の運動速度を調べる方法については、前章（第五夜）の最後にお話ししましたよね。すると、多くの銀河が地球に対して遠ざかるように動き、しかも遠くにある銀河ほど、より速いスピードで遠ざかっていたのです。「銀河の後退速度は、その銀河までの距離に比例する」――これを**ハッブルの法則**といいます。この法則はいったい、どういう意味を持つのでしょうか。

こんな実験をしてみます。膨らませる前のゴム風船の表面に、一センチメートルおきにA、B、C、Dの四つの印をつけて、風船を膨らませます（206ページの図を参照）。そしてAとBの間が三センチメートルになった、つまり最初の状態より二センチメートル長くなったとします。この時、AとCの間は六センチメートルになっていますので、最初より四センチメートル伸びたことになりますよね。AとDの間は九センチメートルなので、六センチメートル伸びています。つまりAから見て、遠くにある印ほど、最初の距離に比例して多く伸びている、あるいは速く遠ざかっていることになるのです。

これを銀河の動きに当てはめると、それぞれの銀河が勝手に動いているのではなく、銀河が存在する宇宙全体が風船のように膨らんでいる、ということになります。つまりハッブルの法則が成り立つのは、宇宙が膨張していることを意味するのです。

じつはルメートルは、イギリス留学の後にアメリカのハーバード大学にも留学し、一九二五年にはウィルソン山天文台のハッブルの元も訪れています。当時はまだ、ハッブルはさまざまな銀河までの距離や運動に関するデータを集め始めたばかりでした。ですがハッブルから最新の研究成果を聞かされて、ルメートルは「膨張する宇宙」という姿を確信するようになったのではないかと思います。

そして、一九二九年、ハッブルの法則が発表されます。アインシュタインはウィルソン山天文台を訪れ、ハッブルから観測データの説明を受けました。その結果、宇宙が膨張しているという事実をようやく認め、「宇宙は永遠不変である」という自説を撤回したのです。のちにアインシュタインはこう語っています。

「宇宙項を導入したことは、私の生涯最大の不覚だった」

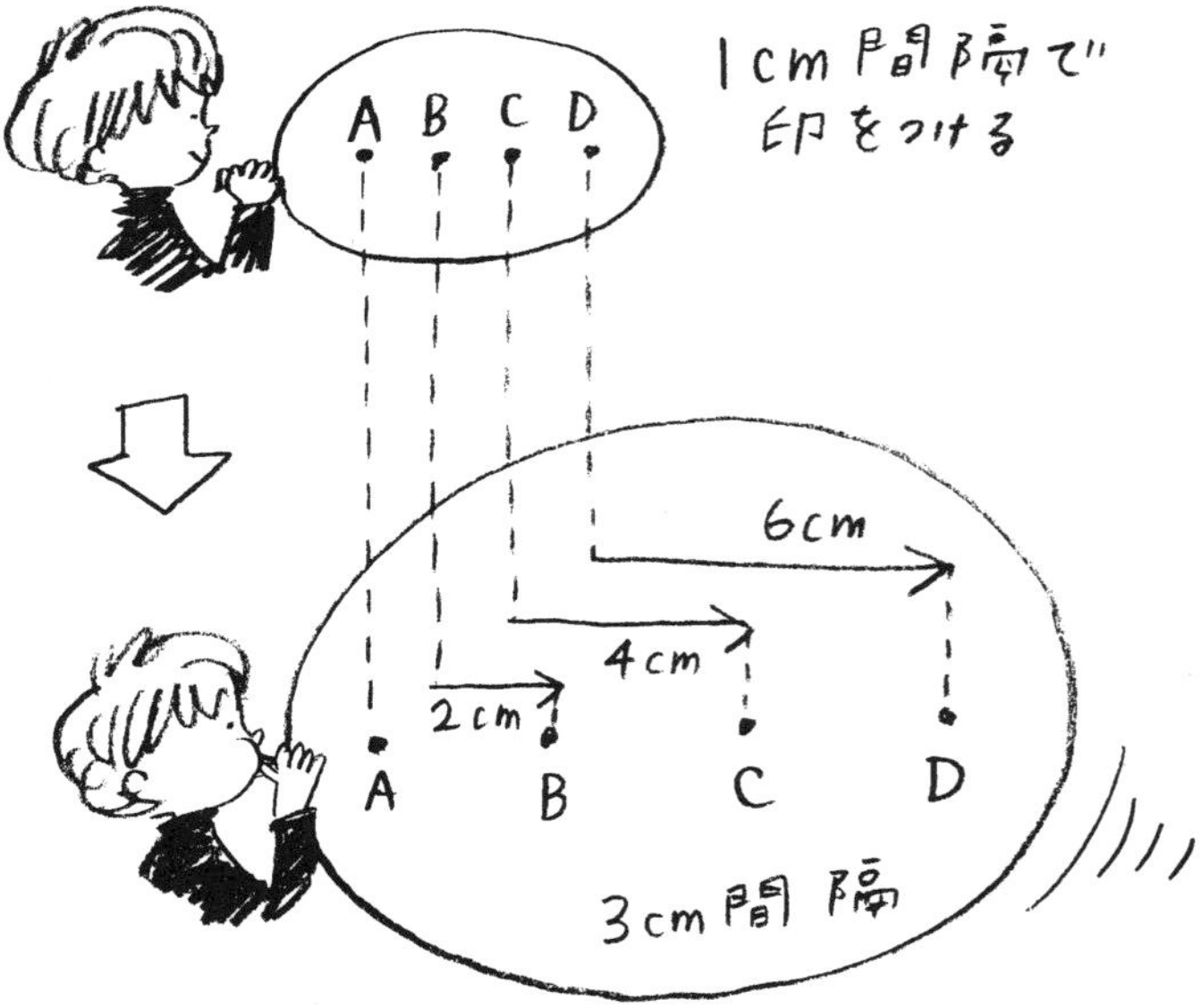
1cm間隔で
印をつける
A B C D
6cm
4cm
2cm
A B C D
3cm間隔

こうして宇宙の姿をめぐるルメートルとアインシュタインの論争は、ルメートルに軍配が上がったのです。

「ドッカーン」理論の登場

さて、宇宙が膨張しているとすると、現在の広大な宇宙は膨張の結果できたものであり、過去の宇宙はもっと小さかったことになります。183ページで話したように、ルメートルは「宇宙はミクロのサイズの『宇宙の卵』から生まれた」と主張し、かつての宇宙は小さく圧縮された高密度の塊であったに違いないと考えました。

さらに一九四八年、ロシア出身のアメリカの物理学者**ガモフ**は「初期の宇宙は超高密度かつ超高温の小さな火の玉だった」という説を唱えました。これが**ビッグバン宇宙論**です。ビッグバンという名前はガモフに反対する科学者たちが「宇宙はドッカーン（＝ビッグバン）と爆発して生まれたとでもいうのかね？」と皮肉ったことに由来します。

ガモフの名前を、『不思議の国のトムキンス』などの「トムキンスシリーズ」の著者としてご存じの方も多いでしょうね。これらはおもに青少年向けに、自然科学の面白さをやさしく楽しく紹介したすばらしい本で、今でも世界中で愛読されています。じつは私も子どもの頃、ガモフの本をわくわくしながら読んだ者の一人です。

ところで、ガモフが「超高温・超高密度の小さな火の玉宇宙」という発想を得たのは、宇宙の中でさまざまな元素がどのように生まれたのかを考えていた時でした。

私たちの物質世界は「原子」からできていて、原子は「原子核」と「電子」で構成されています。原子核の中には「陽子」と「中性子」が、元素の種類に応じて決められた個数ずつ存在します。原子核中の陽子と中性子の数が少ないほど、軽い元素になります。

さて、当時（一九四〇年代）、星の内部の核融合反応によって、炭素や窒素、酸素などさまざまな元素が作られることが判明していました。そこで、宇宙に存在する元素はすべて、星の内部で作られたのだろうと考える研究者もいました。

ところが、問題がありました。それは「重い元素ができすぎてしまうこと」です。宇宙に存在する元素の比率（質量比）は、水素が約七五パーセント、ヘリウムが約二五パーセントを占め、ヘリウムよりも重い元素はわずかであることが、宇宙の観測からわかっていました。でも星の内部では、ヘリウムとそれより重い元素とがほぼ半量ずつ作られることが理論的に示されていたので、観測結果と矛盾します。

そこでガモフは、さまざまな元素は星の内部でできたのではなく、宇宙に星が誕生する前に作られたのだろうと予想したのです。

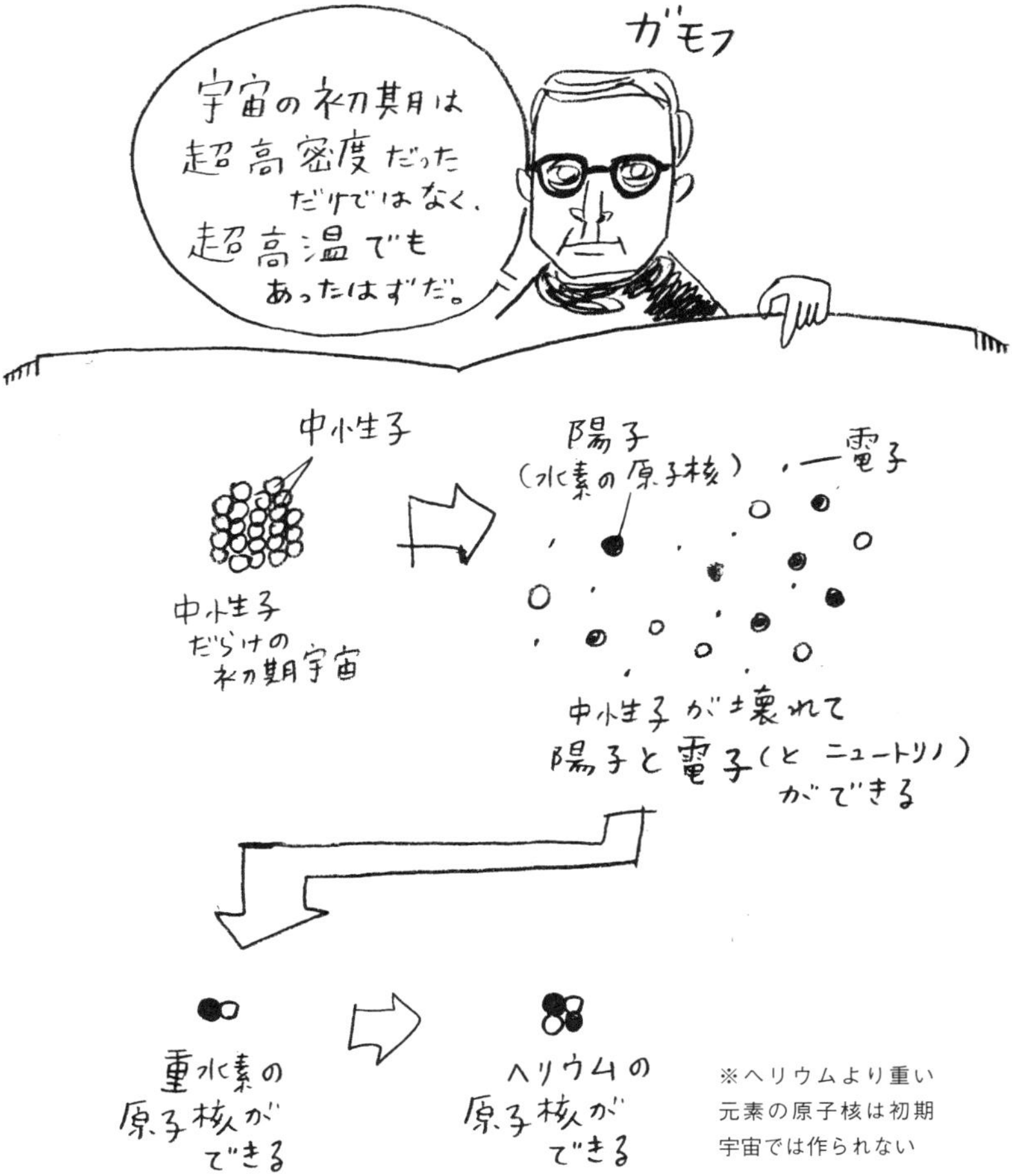

※ヘリウムより重い
元素の原子核は初期
宇宙では作られない

ガモフ（と彼の共同研究者たち）は、まず、ルメートルがいう「宇宙の卵」とは、莫大な数の中性子が超高密度に圧縮されたものだと考えました。宇宙内の全物質を非常に狭い範囲の中に押しこめると、電子と陽子が融合して中性子になるという反応が起きるためです。一方、中性子は原子核の外では安定して存在できず、すぐに陽子と電子に分裂することが知られていました。つまり、超高密度の中性子の塊として生まれた宇宙は、すぐに陽子と電子に分裂を始めたとガモフたちは考えました。陽子一個は、もっとも軽い元素である水素の原子核となります。これは、水素原子の「種」ができた状態です。

（なお、ガモフは生まれたばかりの宇宙を「中性子だらけ」と考えましたが、のちに私の恩師でもある林忠四郎《はやしちゅうしろう》先生は、最初の宇宙には中性子だけでなく陽子も存在していたことを明らかにして、ガモフの誤りを正しました）

次にガモフたちは、陽子と中性子が核融合によって結びついて重水素《じゅうすいそ》の原子核（陽子一つと中性子一つ）ができると考えました。核融合反応が起きるには、初期宇宙は超高密度であるのと同時に、一〇〇〇万度以上の超高温でなければなりません。こうして「初期宇宙は超高温・超高密度だったはずだ」という見立てが生まれたのです。

重水素ができた後、いくつかの過程を経て、陽子二個と中性子二個が結びついたヘリウムの原子核が生まれます。ヘリウムは水素の次に軽い元素です。では、さらに重い元素の原子核も初期宇宙の中で作られていったのでしょうか。じつは、ヘリウムより重くて安定的に存在できる原子核がないために、これ以上重い元素は簡単には作れないのです。また、太陽よりもずっと重い星の内部では温度が一億度以上になって、ヘリウムの原子核三つから炭素の原子核が作られるのですが、初期宇宙では膨張にともなって温度や密度が下がるため、こうした反応も起きません。このために現在の宇宙には、ヘリウムが大量に生き残り、重い元素はほとんど存在しないのだ、というのがガモフたちの主張でした。

定常宇宙論との激しい争い

でも、この広大な宇宙が生まれた時には「ミクロの卵だった」とか「小さな火の玉だった」といわれても、それを信じられるでしょうか。そんなのはまるで古代の神話のようで、とても科学的な理論だとは思えない、というのが普通の感覚だと思います。実際、当時の多くの科学者がビッグバン宇宙論に対して否定的だったのです。

そこでイギリスの高名な天文学者**ホイル**が、ビッグバン宇宙論に対抗する新たな理論を提案しました。それは**定常宇宙論**というものです。じつはガモフの考えを「そんなのはドッカーン（＝ビッグバン）理論だ」とからかった人こそ、このホイルでした。

ハッブルの法則が発見されたので、宇宙が膨張しているという事実は認めないといけません。でもホイルは「宇宙は永遠不変の存在である」という昔ながらの伝統的な宇宙観を固く信じていました。そこで「宇宙は確かに膨張しているが、それでも一定の姿を保っている」という、一見矛盾するように思える宇宙像を示すために編み出されたのが、定常宇宙論だったのです。

ホイルは、宇宙が膨張していることを認めた上で、こう主張しました。宇宙が膨張すれば、宇宙の中には「すきま」ができるだろう。でも、そのすきまを埋めるように、新たな銀河が真空の中から次々とわき出してくるので、宇宙は一定の密度や温度を保っているのだ、というのです。

「銀河が真空から生まれて、膨張によってできた宇宙のすきまを埋める」だなんて、定常宇宙論もビッグバン宇宙論に劣らず、奇妙な理論に聞こえますよね。でも定常宇宙論では「宇宙はミクロの卵のような状態で生まれた」、つまり宇宙には「始まり」があったという考え方が不要になるので、伝統的な宇宙観ともよく合います。そのために発表当時は、ビッグバン宇宙論より支持する科学者が多かったのです。

さらにビッグバン宇宙論の旗色を悪くする事件が起きます。一九五一年に当時のローマ法王が「宇宙に始まりがあるというビッグバン宇宙論は、聖書の『天地創造説』を裏付けるものである」と言い出したのです。ビッグバン宇宙論は宇宙が「ミクロの卵」として生まれたと考えますが、その「卵」がどうやって作られたのかは説明できませんでした。これはローマ法王にとって好都合でした。「最初の宇宙の卵は、偉大なる神がお造りになった」といえるからです。

でもこの発言によって、科学者の多くはかえってビッグバン宇宙論を敬遠するようになりました。科学は、自然現象を理解する際に「神様がそのようになさった」、つまり人間には理解できない、ということをできるだけ減らしていこうとする学問です。ですから神様に「支持」されるビッグバン宇宙論の賛同者が減るのも無理はありません。ルメートルはローマ法王の発言を聞いて「科学と神学とをいたずらに混同してはなりません」と法王をいさめたそうです。しかしビッグバン宇宙論への逆風は強まるばかりでした。

宇宙背景放射の発見

ところが一九六四年、ビッグバン宇宙論は一気に勢力を挽回《ばんかい》します。「逆転満塁ホームラン」を放ったのは、専門の天文学者ではなく、アメリカの民間企業に勤める二人の技術者**ペンジアス**と**ウィルソン**でした。

二人は衛星通信用の巨大なアンテナを作る仕事をしていたのですが、テスト中に奇妙な現象に悩んでいました。正体不明の電波が、空のあらゆる方向からやって来るのです。

地球上には、さまざまな電波が飛び交っています。ラジオなど通信用の電波や、電気機器から漏れる電波といった人工の電波もあれば、大気中の気体分子が発する電波や、太陽や天の川銀河からやって来る自然の電波もあります。ただしこれらの電波はすべて、アンテナを電波の発生源の方角に向けた時だけ受信できます。

ところが、その謎の電波は、アンテナを空のどの方向に向けても受信できるのです。それも二四時間絶え間なく、しかもまったく同じ強さの電波がやって来るのです。二人はアンテナ自体が電波を発生させているのかもしれないと考え、アンテナの中に入ったハトの糞《ふん》を一生懸命に取り除いたりしましたが、それでも謎の電波は消えませんでした。

じつは、ビッグバン宇宙論を唱えたガモフは、ある予言をしていました。もしかつての宇宙が本当に超高温だったら、現在の宇宙にはその「名残《なごり》」の電波が満ち溢れているだろうというのです。

高温の物体が「光」を放つのは皆さんもご存じでしょう。そして「光」も「電波」も、その正体は「電磁波」という波であり、その違いは波長の長さです。光（可視光）の波長が伸びると、目には見えない赤外線になり、さらに波長が伸びると電波になります。

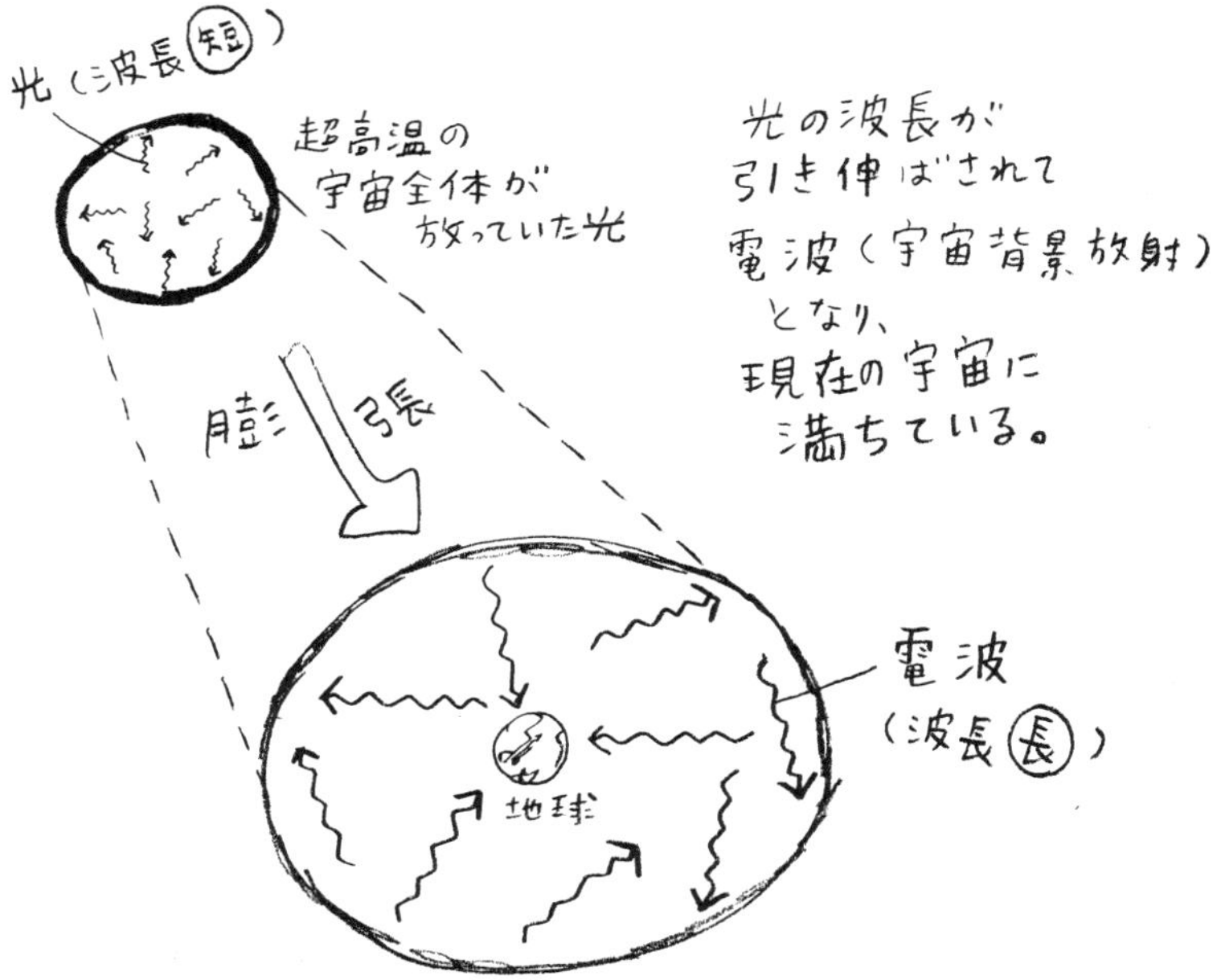
光（波長短）
超高温の
宇宙全体が
放っていた光
膨張
光の波長が
引き伸ばされて
電波（宇宙背景放射）
となり、
現在の宇宙に
満ちている。
電波
（波長長）
地球

ウィルソン
ペンジアス

ガモフは、超高温の宇宙が放っていた光は、その後の宇宙の膨張によって波長が引き伸ばされて、現在では電波の形で宇宙に残っているだろうと予言していました。昔の宇宙はどこも高温だったのですから、その光は宇宙全体に満ち溢れていて、膨張した現在の宇宙では「あらゆる方向からやって来る電波」になっているはずです。

この電波をとらえるために、アメリカの有名な物理学者ディッケは宇宙の観測にとりかかろうとしていました。ちょうどその時、ディッケは知り合いから偶然、ペンジアスとウィルソンが悩んでいた正体不明の電波の話を聞いたのです。ディッケは二人のもとを訪れて話を聞き、自分が探そうとしていた電波をすでに二人が「発見」していたことを知って、「やられた！」と悔しがったそうです。のちにペンジアスとウィルソンはこの電波の発見によってノーベル物理学賞を受賞するのですから、ディッケが悔しがるのも無理はありませんよね。

ペンジアスとウィルソンが発見した電波のことを、現在では**宇宙背景放射**《うちゅうはいけいほうしゃ》と呼んでいます。かつての宇宙が超高温だったことを示すこの電波の発見は、ビッグバン宇宙論の正しさを示す強力な証拠となり、これ以降、ほとんどの科学者がビッグバン宇宙論を支持するようになったのです。

それでは、今晩はこのあたりで。おやすみなさい。

第七夜

新たな謎と革命的宇宙モデル

宇宙誕生の謎を解く「究極の理論」

こんばんは。今夜はいよいよ、宇宙論の最新の研究成果についてお話しします。

太古の昔から宇宙について考えてきた人類は、二十世紀になってついに、宇宙の成り立ちを科学的に説明する方法を手にしました。それがビッグバン宇宙論です。第六夜でお話ししたように、ビッグバン宇宙論は宇宙が膨張することを示す相対性理論を土台としています。そしてハッブルによる宇宙膨張の発見と、ペンジアスとウィルソンによる宇宙背景放射の発見という二つの観測事実によって、その正しさは裏打ちされているのです。

この広大な漆黒《しっこく》の宇宙が、かつては超高温の小さな火の玉だったなんて、どんな神話の語り部《べ》も想像できなかったことでしょう。まさに「事実は小説よりも奇なり」ですね。

でも、ビッグバン宇宙論が宇宙の成り立ちのすべてを説明できたわけではありません。これも前章（第六夜）で触れましたが、ビッグバン宇宙論は「最初の宇宙である『ミクロの卵』がどうやって生まれたのか」という宇宙誕生の謎には答えられなかったのです。そのためにローマ法王が「最初の宇宙の卵は神がお造りになったのだ」と発言したわけですが、神様に登場いただくようでは科学になりません。超高温・超高密度のミクロの卵がどういうしくみで生まれたのかを科学的に説明できてこそ、宇宙の歴史を説明するビッグバン宇宙論は完璧になるのです。そしてそれは、古代ギリシャのひとびとが考えた「世界のアルケー（始原・原理）は何か」という問いに対して、ついに答えを出すことでもあるのですね。

宇宙はどのようにして始まったのか、世界のアルケーは何か——それはまだ、わかっていません。かなりいい線まで迫っているようでもあり、じつはまだ真の答えから遠いのかもしれません。

ただ、これだけはほぼ間違いない、ということがあります。宇宙の誕生の謎を解き明かすためには、私たちは「究極の理論」を手にする必要があるのです。

かつて、私たち人間はニュートン力学を手にすることで、太陽系の天体の動きを説明し、未知の惑星の存在を予言することにも成功しました。さらに二十世紀には、ニュートン力学を乗り越える相対性理論を得て、宇宙がミクロの卵から膨張してきたという宇宙の歴史を描けるようになったのです。

そして、宇宙誕生の謎に迫るためには、相対性理論さえ乗り越える究極の理論が必要なのです。いったいそれは、どんな理論なのでしょうか。

宇宙の始まりは物理学が破綻する「特異点」

先ほども、ビッグバン宇宙論は最初の宇宙である「ミクロの卵」がどうやって生まれたのかを説明できないといいました。その理由は、宇宙の始まりが**特異点**《とくいてん》という奇妙なものになってしまうためです。

ビッグバン宇宙論にしたがって宇宙の歴史を過去にさかのぼると、宇宙の温度や密度はどんどん高くなっていきます。そして宇宙が生まれた瞬間は、宇宙はある一点に凝縮され、そこでは温度も密度も無限大になってしまいます。さらには重力の強さや、空間の曲がり具合を示す「曲率」の値も無限大になってしまうのです。

このような一点のことを特異点というのですが、困ったことに、特異点では相対性理論を含めたあらゆる物理法則が成り立たなくなります。なぜならこの世に「無限大」という数は、実際には存在しないからです。無限大という数値を使って、私たちは正しい計算をしたり、方程式を解いたりすることはできないのです。

したがってこのままでは「宇宙は物理法則が破綻《はたん》する特異点から生まれたけれど、その後は相対性理論という物理法則にのっとって膨張してきたのだ」ということになります。

こんな中途半端な状態では、宇宙の成り立ちを科学的にきちんと説明できたことにはなりませんよね。

そこで科学者たちは知恵を絞り、新たな宇宙像を考えました。それは「宇宙は膨張と収縮を繰り返しているのではないか」というもので、これを**振動宇宙モデル**といいます。

現在の宇宙が膨張していることは明らかですから、単純に考えると、宇宙の大きさは過去にさかのぼるほど小さくなるはずです。でも温度や密度が無限大になっては困るので、ある程度までさかのぼると、今度は逆に過去に行くほど宇宙は大きくなると考えるのです。そしてさらに過去に戻ると、宇宙は再び小さくなっていくというように、宇宙は膨張と収縮を繰り返している、というのが振動宇宙モデルです。この宇宙像が正しければ、宇宙が特異点から始まってしまうという問題はうまく回避できますよね。

ところが一九六〇年代後半に、二人の若いイギリス人物理学者**ホーキング**と**ペンローズ**が衝撃的な研究をおこないました。現在も第一線で活躍する有名な物理学者である二人の名前は、ご存じの方も多いことでしょう。この二人が、宇宙の歴史を相対性理論に基づいて考えた場合、宇宙が膨張と収縮を繰り返すことはありえないことを数学的に証明してしまったのです。つまり宇宙の歴史は、宇宙が相対性理論に基づいて膨張しているならば、必ず特異点から始まらなければならないのです。これを**特異点定理**といいます。

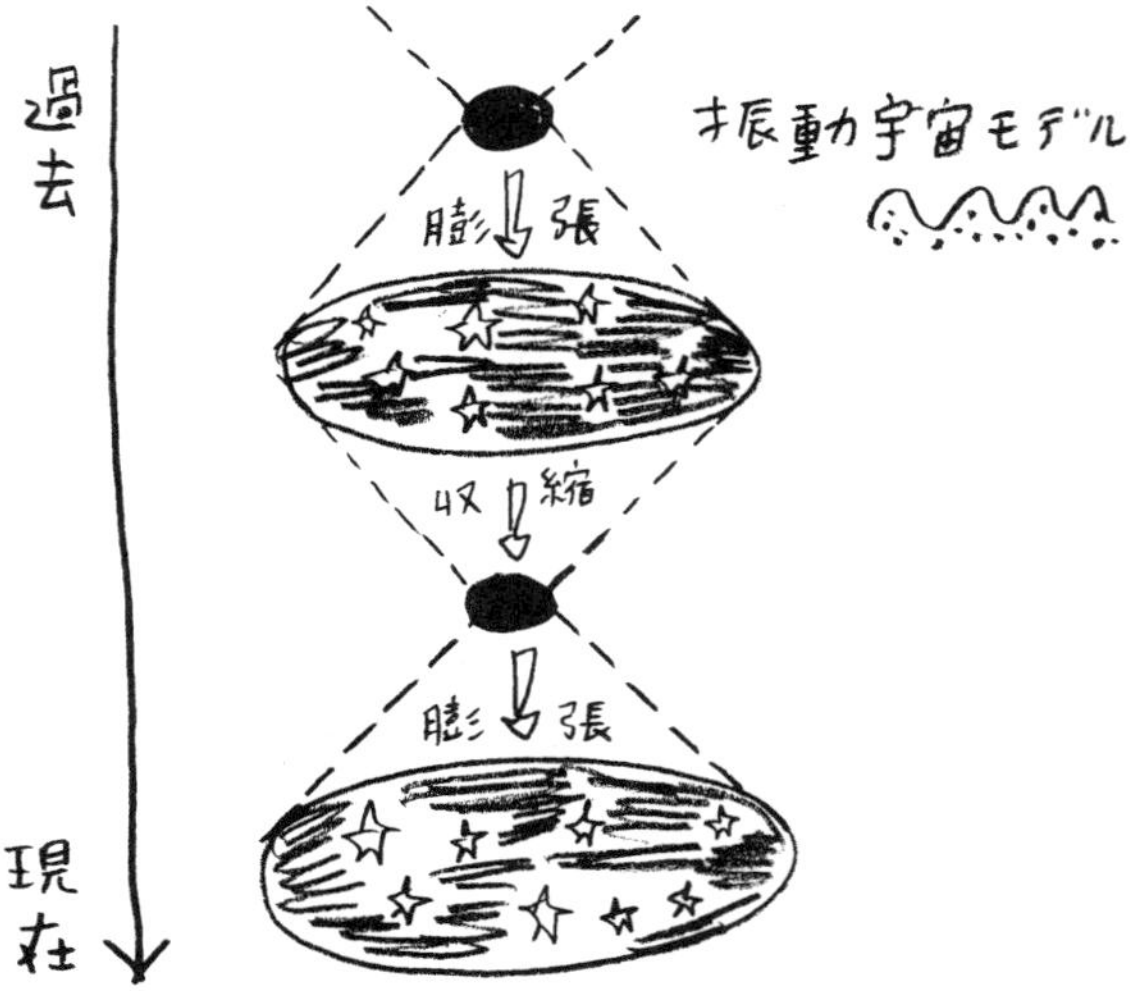
過去
現在
膨張
収縮
膨張
振動宇宙モデル

いや、振動宇宙モデルはありえない。宇宙は必ず特異点から始まるんだ
ペンローズ
ホーキング

特異点定理が証明されたということは、宇宙の始まりについて科学が何かを語ることは不可能になったことを意味します。そのために科学者の中にも「宇宙の始まりは科学では解明できない神様の力によるものではないか」と考える人が現れるほどだったのです。

宇宙背景放射が同じ強さになる謎

さらに、宇宙のごく初期に起きたと思われる現象については、他にもいくつか説明のつかないことがありました。その一つは「なぜ宇宙背景放射は、どれもまったく同じ強さになっているのか」ということです。

宇宙背景放射は、かつて超高温だった宇宙が放っていた光が、その後の宇宙膨張によって波長が引き伸ばされ、電波の形で現在の宇宙に満ちているものです。この宇宙背景放射の強さを調べると、かつての宇宙の温度や密度がわかります。

そこで宇宙背景放射の強さを調べると、宇宙のどの方向からやって来るものも、まったく同じ強さになっていることがわかりました。これは、宇宙背景放射の元となる光が生まれた頃の宇宙の温度がどこも同じ温度だったこと、そして宇宙全体の密度が均一だった、つまりどこにもデコボコはほとんどない一様な状態だったことを意味するのです。

宇宙背景放射の元となる光が生まれた時、宇宙の大きさは現在の一〇〇〇分の一程度だったことが理論的にわかっていました。また、ミクロの卵として生まれた宇宙が現在の宇宙の約一〇〇〇分の一の大きさにまで成長するのには、ビッグバン宇宙論によると三〇万年ほどかかるとされていました。

つまり整理すると「生まれてから約三〇万年後の、現在の約一〇〇〇分の一の大きさの宇宙は、温度や密度が均一の、ほとんどデコボコのない一様な状態だった」ということになります。これが科学者たちを悩ませました。なぜならこれが事実だとすると、相対性理論に矛盾してしまうのです。

宇宙を一様にするには、宇宙を何らかの方法で十分に「かき混ぜる」必要があります。物質や熱が、密度や温度の高いところから低いところに移って初めて、宇宙全体が均一になるのです。「かき混ぜるまでもなく最初から、たまたまデコボコはなくて一様だった」と考えるのは、神様の奇跡を信じるのと同じで、科学的な考え方ではありません。

でも、物質や熱の移動は、瞬間的にはおこなわれません。なぜなら宇宙では、どんなものも光以上の速さで移動することはできないからです。これはアインシュタインの相対性理論が明らかにした、宇宙の最重要ルールの一つです。したがって、物質や熱が移動して宇宙全体が均一になるには、それなりの時間が必要です。

しかし、現在の一〇〇〇分の一の大きさとはいえ、かなり大きくなっていた当時の宇宙全体を均一にするには、三〇万年では時間が足りないのです。にもかかわらず当時の宇宙がどこも同じ密度や温度になっていたとすれば、それにはどんな「手品」が使われたのでしょうか。

宇宙の初期に起きたものすごい急膨張

ところで、一九七九年から一九八〇年にかけて、私はデンマークの首都コペンハーゲンの北欧理論物理学研究所に客員教授として招かれ、「力の統一理論」に基づいて宇宙初期の研究をしていました。力の統一理論とは、物質の間に働く四つの基本的な力（重力、電磁気力、原子核の中で働いている「強い力」と「弱い力」）を一つの理論で統一的に説明しようとする理論です。残念ながら今もって完成していませんが、私はこの力の統一理論が、宇宙の初期を研究する上で大変重要なヒントを含んでいると考えていました。そしてその研究の中で、この未完の理論とアインシュタインの相対性理論を組み合わせると、宇宙の始まりについて大変面白いシナリオが描けることに気づいたのです。

そのシナリオとは「宇宙は生まれた直後、倍々ゲームのように急激に大きくなり、この急膨張が終わる時に大量の熱が発生して、火の玉宇宙となる」というものです。この急膨張によって、宇宙は一気に何十桁も大きくなり、素粒子のように小さかった宇宙がマクロサイズの宇宙に成長できるのです。そして急膨張が終わる時、相転移《そうてんい》という現象（後で説明します）が起きて大量の熱が発生し、宇宙は熱い火の玉となりました。その後ゆるやかな減速膨張をしながら冷えていき、現在の広大な宇宙になったのです。私はこのシナリオに基づく宇宙モデルを一九八〇年に発表しました。

このモデルは**インフレーション理論**と呼ばれています。名づけ親は、私の発表の半年後に、私とは独立に同様のモデルを提唱したアメリカの宇宙物理学者グースです。この理論が注目を集めたのは「インフレーション」という親しみやすい名前をつけたグースの功績も大きいかと思います。

インフレーション理論は、従来のビッグバン理論の多くの問題点を解決します。その一つが「なぜ宇宙背景放射はどこも同じ強さになっているのか」、つまりかつての小さな宇宙がなぜどこも密度や温度が均一だったのかという例の問題です。その解決方法は、次のようなものです。生まれたばかりの宇宙が、全体的にはデコボコだらけだったとしても、ごく狭い領域だけを見れば、その中はほぼ一様になっているといえます。そしてこの狭い領域が現在の宇宙の大きさよりもはるかに大きくなるような急膨張を遂げれば、その中に

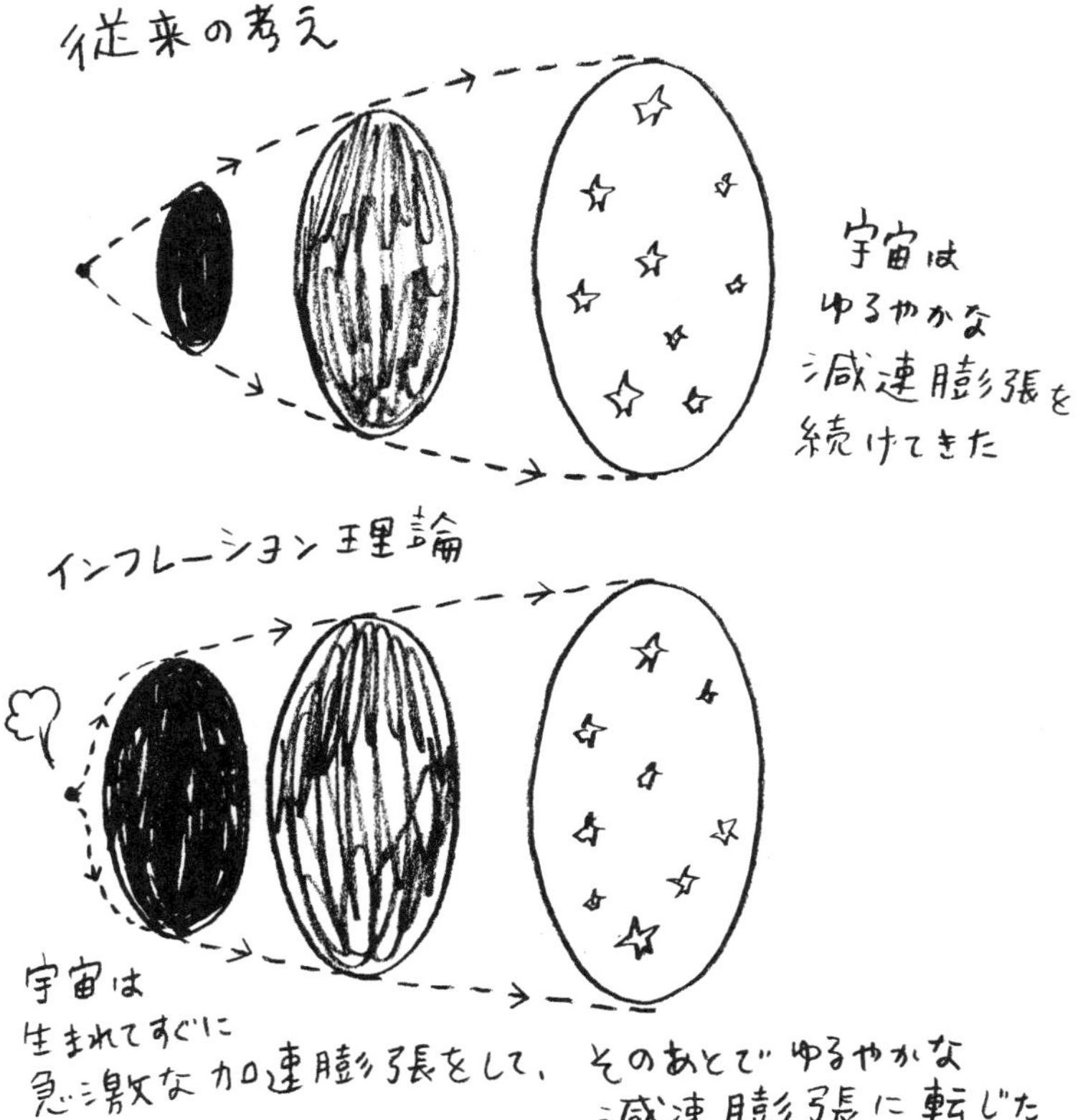
従来の考え
宇宙は
ゆるやかな
減速膨張を
続けてきた
インフレーション理論
宇宙は
生まれてすぐに
急激な加速膨張をして、そのあとでゆるやかな
減速膨張に転じた

住んでいる者にとって「見える範囲」の宇宙はきわめて一様になります。それがつまり、私たちが住んでいる宇宙の領域なので、宇宙背景放射は宇宙のどこでも同じ強さで観測されるのです。したがって、観測可能な宇宙の「果て」を越えた、ものすごい大きなスケールで宇宙を見ることができれば、宇宙はけっして一様になってはいないことでしょう。

また私はインフレーション理論を提唱した直後、インフレーションが起こると元の宇宙（親宇宙）から子どもの宇宙がたくさん生まれるという「宇宙の多重発生（マルチプロダクション）」という論文を、協同研究者と発表しました。これはある条件の下ではデコボコの「デコ（凸）」の部分が子宇宙へと発展することを示すものです。

宇宙を急膨張させた真空のエネルギー

では、生まれてまもない宇宙をすさまじい勢いで膨張させた「力」の正体は、いったい何なのでしょうか。インフレーション理論では、それを「真空が持つエネルギー」だと考えています。真空、つまり「からっぽ」の空間が持つエネルギーが反発力となり、宇宙空間という自分自身を急膨張させたのです。

真空とは「からっぽ、何もない」はずなのに、なぜエネルギーを持つのだろうと、不思議に思われるかもしれません。しかし「何もない」ということは、物理的にはありえないのです。別の表現をすると、この世に完全なる「無」はないのです。

この禅問答のような真理を明らかにしたのが、相対性理論と並んで、現代物理学の大きな柱となっている**量子論**《りょうしろん》です。量子論を一言で説明するなら「ミクロの世界における物質の不思議な振る舞いのルールを明らかにした理論」だといえるでしょう。

量子論は二十世紀初めの、相対性理論が生まれたのとほぼ同時期に、幾人もの天才的な物理学者の手によって築かれました。一般の方にとっては相対性理論ほど有名ではないかもしれませんが、ミクロの世界を取り扱う上で、量子論は欠かすことができません。パソコンや携帯電話など、現代の私たちの生活を支えるハイテク製品の心臓部は、ＬＳＩなどの半導体部品でできています。この半導体部品の原理は量子論の上に成り立っていますので、私たちは知らぬ間に日々量子論の恩恵にあずかっているのです。

さて、量子論が発見した「ミクロの世界における物質の不思議なルール」の一つが、「この世に『何もない』という状態は物理的にありえない」というものです。たとえばエネルギーをゼロにするとは、物質の温度を絶対零度《れいど》（摂氏《せっし》マイナス二七三・一五度）にすることです。絶対零度ではエネルギーがゼロなので、あらゆる物質の分子や原子の運動が完全に止まるはずです。ところが絶対零度にしても、**ゼロ点振動**と呼ばれるわずかな運動を分子や原子がおこなうことが明らかになっています。つまり、エネルギーを「ゼロ」にしたとしても、エネルギーはまだ残っているということです。

これと同じように、「何もない」とされる真空中であっても、その中にエネルギーは存在しています。そして生まれてまもない宇宙における真空は、現在の真空と異なり、エネルギーが非常に高い状態にあったと考えられました。そのエネルギーが巨大な反発力となって、急激な膨張を引き起こしたのです。

ところで、真空がエネルギーを持つということを考慮して、相対性理論の方程式を解くと、面白いことがわかりました。式の中に、アインシュタインが考えた宇宙項（197ページ）と同じものが現れるのです。値自体はかなり違うのですが、アインシュタインが「空間は反発力を持つ」と考えたこと自体は、間違いではなかったのです。きっと天国のアインシュタインも「やっぱり私の考えは正しかったんだな」とご満悦でしょうね。

宇宙の始まりの鍵を握る量子重力理論

続いていよいよ、最初のミクロの宇宙がどのように作られたのかを説明する理論を紹介します。225ページで、特異点定理が証明されたために、宇宙の始まりについて科学が何かを語ることは不可能になった、と申し上げましたよね。でも、従来の理論が困難にぶつかった時にこそ、新しい革命的な理論が生まれて、科学は進歩していくのです。

一九八三年、ウクライナ生まれの物理学者**ビレンケン**は「宇宙は物質も時間も空間もない、『無』の状態から生まれた」とする仮説を発表しました。宇宙が「無」から生まれたなんて、何とも奇妙なアイデアに思えます。でも、宇宙が「何か」から生まれたとしたら、「ではその『何か』は何から生まれたのか」ということになり、きりがありませんよね。そこでビレンケンは、宇宙は「無」から生まれた、つまり「無」から「有」が生じたという論法を持ち出したのです。

また同じ頃、特異点定理を証明したホーキングが新たな説を唱えました。それは「宇宙が『虚数《きょすう》の時間』という特殊な時間に生まれたとすれば、宇宙の始まりは特異点にならない」というものです。ホーキングは特異点定理を証明することで、宇宙の始まりを科学的に解明する道をいったんは閉ざしたような形になりました。でも自説を乗り越えるすばらしいアイデアを披露して、宇宙の始まりの謎に再び迫ろうとしたのです。

ビレンケンやホーキングの仮説は、ある未完成の理論をその土台としています。それは**量《りょう》子《し》重《じゅう》力《りょく》理論**というもので、相対性理論に量子論を合体させたもの、または「時空（時間と空間をひとまとめにしたもの）の量子論」といえるものです。そしてこの量子重力理論こそが、世界中の物理学者たちがその完成を目標にしている究極の物理理論なのです。

何度もお話ししているように、ビッグバン宇宙論は相対性理論を土台にした宇宙モデルです。一方で、宇宙の大きさは過去にさかのぼるほど小さくなり、生まれた直後は素粒子よりもずっと小さなミクロのサイズになっていたと考えられています。ですから最初の宇宙がどのように生まれたのかを考える際には、ミクロの世界を扱う量子論の考えも同時に取り入れなければなりません。したがって宇宙の始まりを研究することは、相対性理論と量子論を融合させた量子重力理論の研究になるのです。

無からの宇宙創生論

さて、インフレーション理論のところでもお話ししたように、真空は「何もない」空間ではなく、その中にエネルギーを持っています。また、真空中のいたるところで、ミクロの素粒子が突如としてポッと生まれ、次の瞬間には消えてなくなる、ということを繰り返しています。つまり真空は、完全な「無」ではなくて、常に「有」との間を揺らいでいるのです。

そしてこのような「無」の中から、「有」すなわち最初のミクロの宇宙が生まれたというのがビレンケンの主張です。これを**無からの宇宙創生論**といいます。

ビレンケンはさらに、量子論によって明らかになった**トンネル効果**という現象に注目しました。これは、ミクロの粒子が越えられないはずの壁を通り抜ける現象です。

野球のボールを壁にぶつけると、ボールは壁に跳ね返されます。壁を突き抜けようとするならば、ボールをものすごい速度で投げる、つまりボールに莫大なエネルギーを与えなければなりません。

ところが、電子を薄い膜に閉じこめると、電子が十分なエネルギーを持っていないのに膜を突き抜けるという現象が起きます。これは、電子が一時的にエネルギーを「借りて」きて、本来持っているエネルギー以上の仕事をしてしまうためです（後で借りてきたエネルギーはちゃんと返します）。「ミクロの物質は一時的にエネルギーを借りてくることができる」というのも、量子論が明らかにした奇妙な真理の一つです。

ビレンケンによると、最初の宇宙はエネルギーゼロ、大きさゼロの「無」の状態で生まれたり消えたりしていたといいます。このままでは宇宙は実際の存在としてこの世に姿を現すことができません。しかしある時突然、宇宙はトンネル効果によって極小の大きさを持った存在としてポッと現れることができたのです。何とも不思議な話に聞こえるかもしれませんが、こうしたことが科学的にはきちんと説明できるのです。

ホーキングの無境界仮説

一方ホーキングは、**虚数《きょすう》の時間**という、これまた量子論の中で使われる特殊な時間を使って、宇宙の始まりを説明しようとしました。これは**無《む》境界《きょうかい》仮説**と呼ばれています。

虚数とは二乗するとマイナスになる数のことです。普通の数（実数といいます）は、二乗すると必ずプラスの値になります。これに対して、二乗するとマイナスの値になるという「想像上の数」が虚数です。

私たちの身のまわりにあるものは、すべて実数を使って計測されます。私たちが知っている時間も、実数で表される「実数の時間」です。一方、虚数は実体をともなわない数学上の想像物です。そうした虚数で表される「虚数の時間」とは、どんなものでしょうか。

ホーキングが考えたことを理解してもらうには、次ページの図をご覧いただくのがいいでしょう。これは縦方向で時間の経過を表し、横方向で宇宙の大きさを表したものです。

従来の理論では、宇宙の大きさは過去にさかのぼるほど小さくなります。頂点を下にした円錐《えんすい》を想像して、横に切った時の断面積の大きさが宇宙の大きさに当たると考えて下さい。そして宇宙が生まれた瞬間は、特異点である円錐の頂点に相当します。一方、虚数の

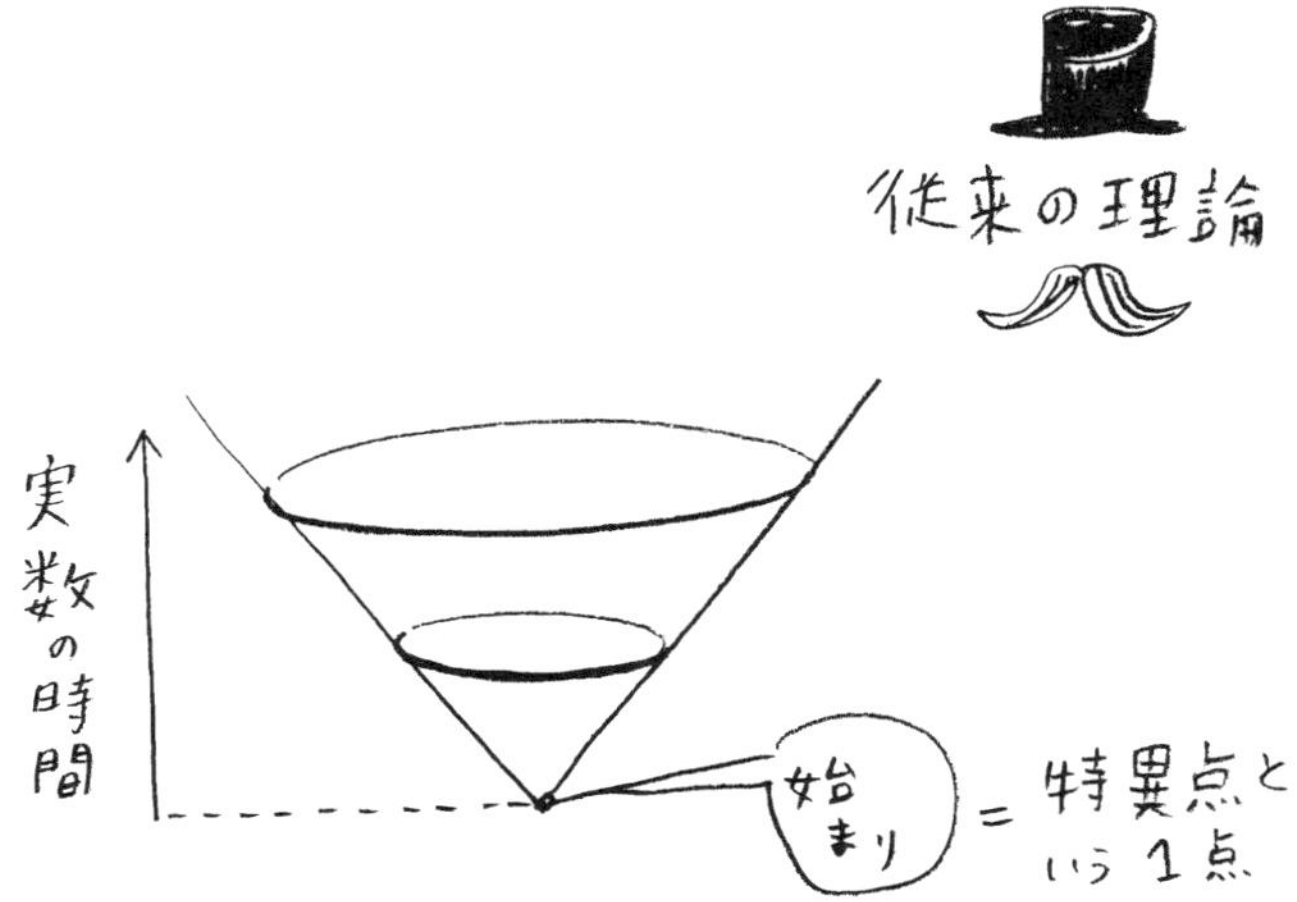

従来の理論
実数の時間
始まり
= 特異点という1点

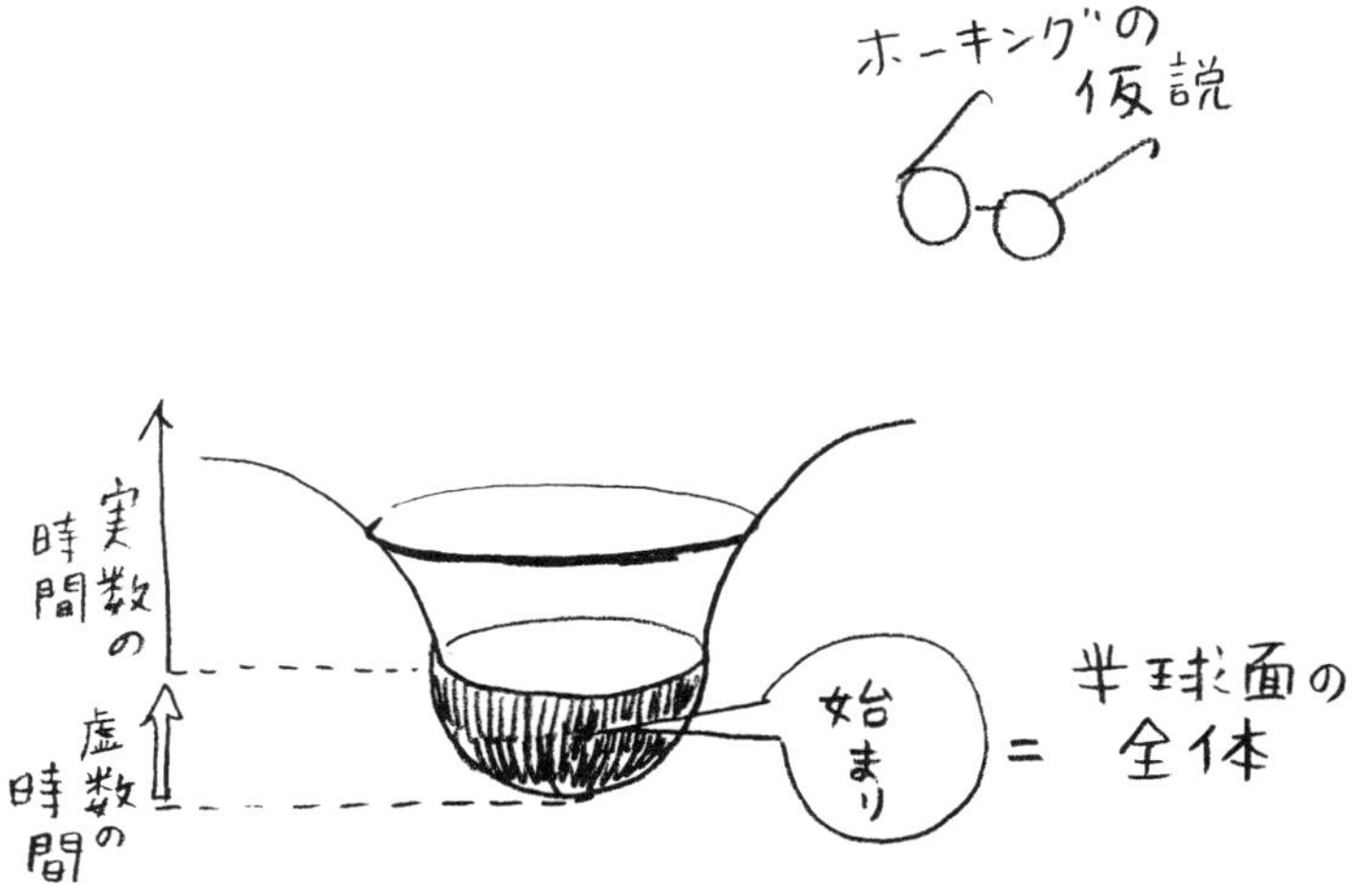

ホーキングの仮説
実数の時間
虚数の時間
始まり
= 半球面の全体

時間を適用したホーキングのモデルでは、理論的な説明は省略しますが、宇宙の誕生の瞬間は一点ではなく、小さな半球面の全体で表されることになるのです。

円錐の頂点は、そこを手のひらで触ればチクッと痛むので、ここが「始まりの一点」だとすぐにわかりますよね。でも半球面を触ってもツルツルしているばかりで、どこが「始まり」というわけでもありません。どこを触っても同じ感じですし、別の言い方をするなら、どこを「始まり」としても構わないのです。

そこでホーキングは「宇宙は特異点となってしまう『ある一点』から始まったのではなく、虚数の時間においてどこが始まりなのかわからないようにして始まったのだ」と主張しました。そして虚数の時間が実数の時間に変化した時が、トンネル効果の「トンネルを出た」瞬間に当たり、宇宙が姿を現したと考えるのです。

でも、虚数の時間なんてどんなものか想像できませんし、本当にそんな奇妙な時間はあるのでしょうか。じつはホーキング自身も、最初は宇宙の始まりが特異点になってしまうことを回避する数学的なテクニックとして、虚数の時間というアイデアを持ち出したようです。でものちに「実際に虚数の時間というものは、かつて存在したのだ」と主張するようになっています。

科学が明らかにした宇宙の歴史

ホーキングの無境界仮説も、ビレンケンの無からの宇宙創生論も、土台となる量子重力理論が未完成なので、「仮説の上に立てられたさらなる仮説」にすぎません。だからといって信頼性に乏しいわけではなく、むしろ宇宙の始まりを説明する科学理論としてかなり有望であると目されています。

ではここで、宇宙の歴史について私たちがどこまで科学的に説明できるようになったのかをまとめてみましょう。宇宙の歴史の大筋は第一夜でも触れていますので、多少繰り返しになりますが、この章でお話しした内容と合わせて整理してみます。

まず、最初の小さな小さな宇宙は、大きさゼロ、エネルギーゼロの「無」の状態で、生成と消滅を繰り返していました。それがある時、トンネル効果によって、究極の微粒子である素粒子よりもはるかに小さな、超ミクロの大きさを持つ存在としてこの世にポロッと出現します。これが宇宙の誕生の瞬間です。

生まれてすぐに、宇宙は真空が持つエネルギーによって、一瞬のうちに何十桁も大きくなるという急膨張（インフレーション膨張）をします。そして**相転移**という現象を起こしてエネルギーがほぼゼロになり、急膨張は止まります。

相転移とは、ある時点を境にして、物質の性質が急変する物理現象のことです。水を冷やしていくと、摂氏〇度から突然状態が変化して氷になります。水と氷は同じ物質ですが性質はまったく異なります。これは、水が相転移を起こして氷になったためです。そして水が氷になる時には、潜熱《せんねつ》と呼ばれる熱を放出することが知られています。

宇宙の始まりにも、これと同じようなことが起きたと考えられています。真空の宇宙が相転移を起こして膨大な熱エネルギーが解放され、そのために宇宙は超高温に熱せられて「火の玉」となったのです。

さて、インフレーション膨張を終えた超高温の小さな宇宙は、その後はゆるやかな膨張に転じます。宇宙誕生後約一〇のマイナス四乗秒（一万分の一秒）後には、原子核を構成する陽子や中性子が作られ、三分後には陽子や中性子が結合して水素やヘリウムなどの軽い元素の合成が完了します。この時の宇宙の温度は、一〇〇億K（ケルビン）から一〇〇〇万Kの間くらいです。ちなみに一〇のマイナス四乗秒とか一〇〇億Kといった数値は、超高温の宇宙が膨張しつつ温度を下げていく時に、原子核の反応がどう進んでいくかを理論的に計算して求めた値です。また、天文学では通常、K（ケルビン）で温度を表記します。〇Kが絶対零度に相当します。

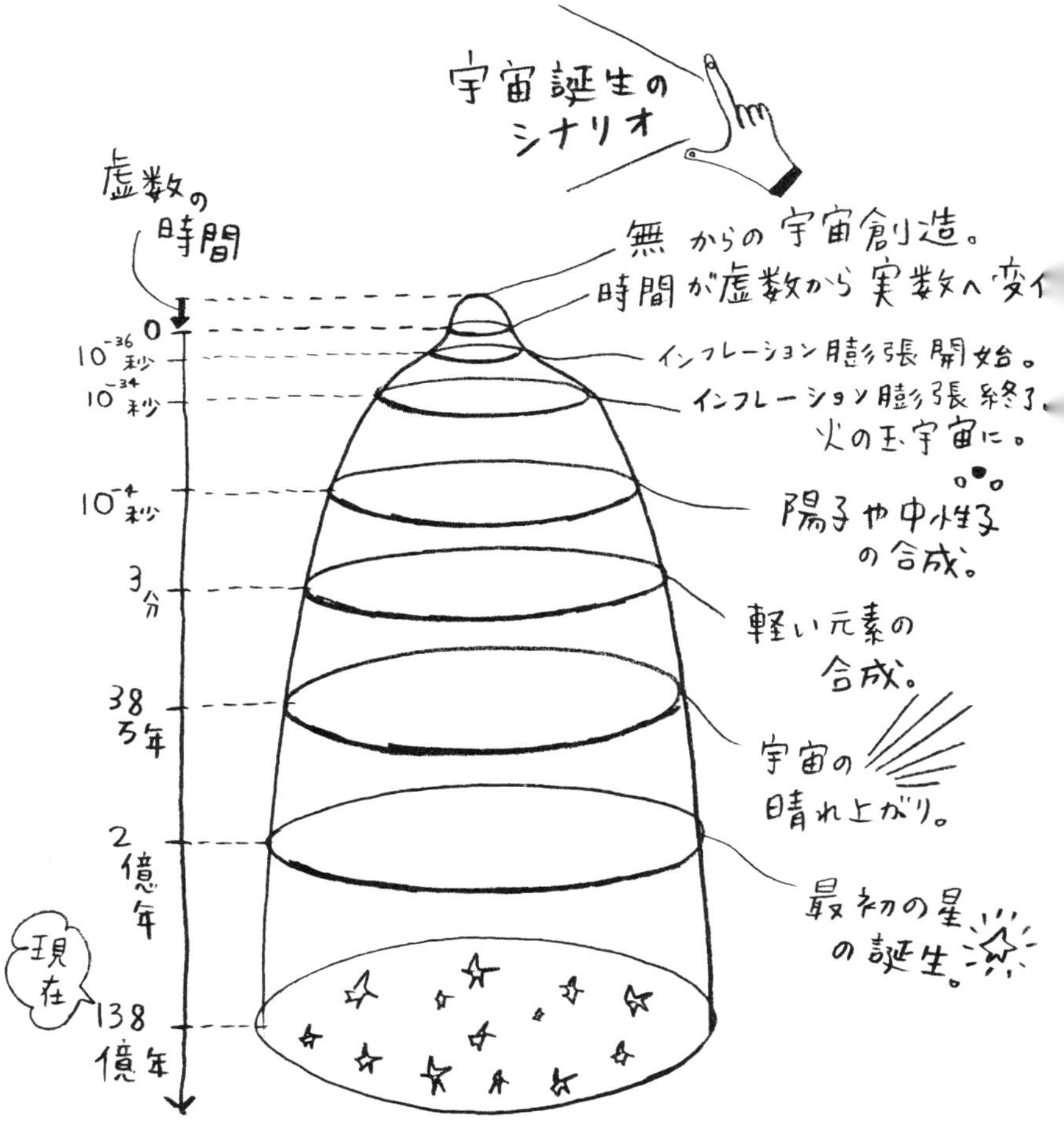
宇宙誕生の
シナリオ
虚数の
時間
0
10^{-36}秒
10^{-34}秒
10^{-4}秒
3分
38万年
2億年
現在
138億年
無からの宇宙創造。
時間が虚数から実数へ変
インフレーション膨張開始。
インフレーション膨張終了。
火の玉宇宙に。
陽子や中性子
の合成。
軽い元素の
合成。
宇宙の
晴れ上がり。
最初の星
の誕生。

さらに時間が経って三八万年くらいすると、膨張を続けた宇宙の大きさは現在の一〇〇〇分の一ほどになり、温度は約三〇〇〇Kに下がっています（226ページでは約三〇万年と書きましたが、その後の研究により約三八万年とさらに精密な値が求められました）。すると、それまで自由に飛び回っていた電子が原子核に引きつけられて、原子を構成するようになります。これによって、それまで宇宙空間を飛び回る電子に進路を邪魔されていた光が、まっすぐに進めるようになります。これは雲に覆われていた空が晴れて、太陽の光が地上に降り注ぐようになった状態と同じなので、**宇宙の晴れ上がり**と呼んでいます。そしてこの「直進できるようになった光」が、宇宙背景放射の元となった光なのです。

その後の宇宙の中では、水素を主成分とした薄いガスが重力によって少しずつ集まり、圧縮されて次第に密度と温度を上げていきます。温度が一〇〇〇万Kくらいになると核融合反応が起きて恒星が誕生します。最初の星が生まれたのは、宇宙が誕生して約二億年後のことだと考えられています。

宇宙背景放射のムラが教える宇宙の始まり

さて、一九八〇年代には、インフレーション理論や無からの宇宙創生論が提唱されるなど、宇宙の始まりについての理論的な研究が進みました。一九九〇年代になると、今度は観測に基づく研究へと主体がシフトするようになります。これは、日本や欧米各国がハイテク技術を駆使した巨大望遠鏡や宇宙望遠鏡を建造して、非常に遠くの宇宙を観測できるようになったためです。日本のすばる望遠鏡やアメリカのハッブル宇宙望遠鏡などの名前は、皆さんもご存じですよね。これらの望遠鏡の活躍によって、宇宙の始まりを説明する理論が本当に正しいかどうかを宇宙観測の結果から検証できるようになったのです。

遠くの宇宙を見ることは、過去の宇宙を見ることです。なぜなら、光の速さが有限なので、遠方の天体が放った光が地球に届くまでにタイムラグが生じるからです。地球から一億光年離れた銀河の光が地球に届いた時、それは一億年前にその銀河を出発した、一億年前の銀河の姿を伝えるものになっています。ですから、遠くの宇宙を見るほど、過去の宇宙の姿を見ていることになるのですね。

では、もっとも過去の宇宙の姿を伝える光は、どこからやって来るものでしょうか。

じつはその光のことは、すでにお話ししています。それは宇宙背景放射の元となる光です。生まれてから三八万年後の、三〇〇〇Kの宇宙全体に満ちていた光こそが、もっとも過去の宇宙の姿を伝える光なのです。これよりさらに過去になると、宇宙が「晴れ上がる」前なので、光が直進できず、その姿を光でとらえることはできないのですね。

二〇〇一年、アメリカのＮＡＳＡは天文衛星ＷＭＡＰ《ダブルマップ》を打ち上げました。この天文衛星の任務は、宇宙背景放射の様子を詳しく調べることでした。二〇〇三年に公開された、ＷＭＡＰが撮影した写真には、全天からやって来る宇宙背景放射の様子が詳しく写っていました。二〇〇九年にはＥＳＡ（欧州宇宙機関）がＷＭＡＰよりもさらに精度よく宇宙背景放射を観測できる天文衛星「プランク」を打ち上げて、二〇一三年にその詳しい観測データが公表されました。

　ところで225ページで、宇宙背景放射はどこもまったく同じ強さだといいました。でもじつは、ほんのわずかだけ強さにムラがあるのです。このムラの様子を調べ、こうしたムラができるには宇宙がどんな条件を満たす必要があるかを検討すると、宇宙の始まりや宇宙の歴史について多くの知見が得られます。たとえば、宇宙の年齢が約一三八億歳だということも、宇宙背景放射のムラの様子などから推定したものです。二〇年ほど前までは、宇宙の年齢は一〇〇億歳から二〇〇億歳の間くらい、と大ざっぱにしかいえませんでした。それが今では、一億の位まで厳密に推定できるようになったのです。

　また、このムラの様子は、インフレーション理論が予想していたものとぴったり一致することも判明しました。つまり宇宙背景放射のムラは、宇宙が生まれてすぐに急膨張を遂げたというインフレーション理論の正しさも証明したのです。

目には見えずに重力を及ぼす暗黒物質

しかし、宇宙背景放射のムラはびっくりするようなことも私たちに教えてくれました。それは宇宙の組成についてです。第一夜でも少しお話ししましたが、宇宙を作っているさまざまな種類の物質やエネルギーのうち、私たちが知っているものはたった五パーセントしかないというのです。

人間やさまざまな生命のからだ、あるいは大地や空気といった生命以外のもの、さらには星そのものや宇宙空間を漂うガス、これらはすべて、各種の元素でできています。元素のおもな成分である陽子や中性子のことを、素粒子物理学の世界では**バリオン**と総称しています。バリオンでできた物質は、私たちにとって身近なものであり、その正体がよくわかっている物質です。でも、宇宙を作るすべての構成要素の中で、バリオンが占める割合は約五パーセントしかないのです。

残りの約九五パーセントのうち、約二七パーセントは**暗黒物質**というものだと考えられています。暗黒物質は光や電波を出さないために、私たちには観測できません。でもその存在は確実視されています。なぜなら暗黒物質は周囲に重力を及ぼすからです。

目には見えないけれども周囲に重力を及ぼしている、謎の物質が宇宙の中に存在するらしいということは、一九三〇年代から知られていました。たとえば、太陽系の近くにある星の運動を観測していると、どの星も運動速度がかなり速いのです。これではどの星も短時間のうちに銀河系から飛び出してしまい、銀河系はバラバラになってしまうはずです。そうならないためには、非常に大きな重力が働いて、星を銀河系内に引き留めなければなりません。でも目に見えている、つまり光を放っている星やガスだけでは、それほど大きな重力は働きません。つまり、目に見えない物質が重力を及ぼしているのです。

銀河系やその他の銀河の内部、さらには銀河の大集団である銀河団の内部にも、大量の暗黒物質が存在すると考えられています。その重さは、目に見える物質（バリオン）の重さの一〇倍にもなると推定されているのです。

では、暗黒物質の正体とはいったい何なのでしょうか。

最新の研究によると、未知の二つの粒子が、その有力候補として挙げられています。その名前は、**ニュートラリーノ**と**アクシオン**といいます。二つとも、素粒子物理学の最先端理論がその存在を予言している粒子です。この二つの粒子は、他の物質と反応せずに素通りしてしまう、いわば幽霊のような粒子だと考えられています。この幽霊粒子を何とか検出しようと、現在世界各国の研究者がしのぎを削っていますので、そう遠くない将来には

銀河系内に存在する
大量の暗黒物質の重力が
星を銀河系内に引き留めている。

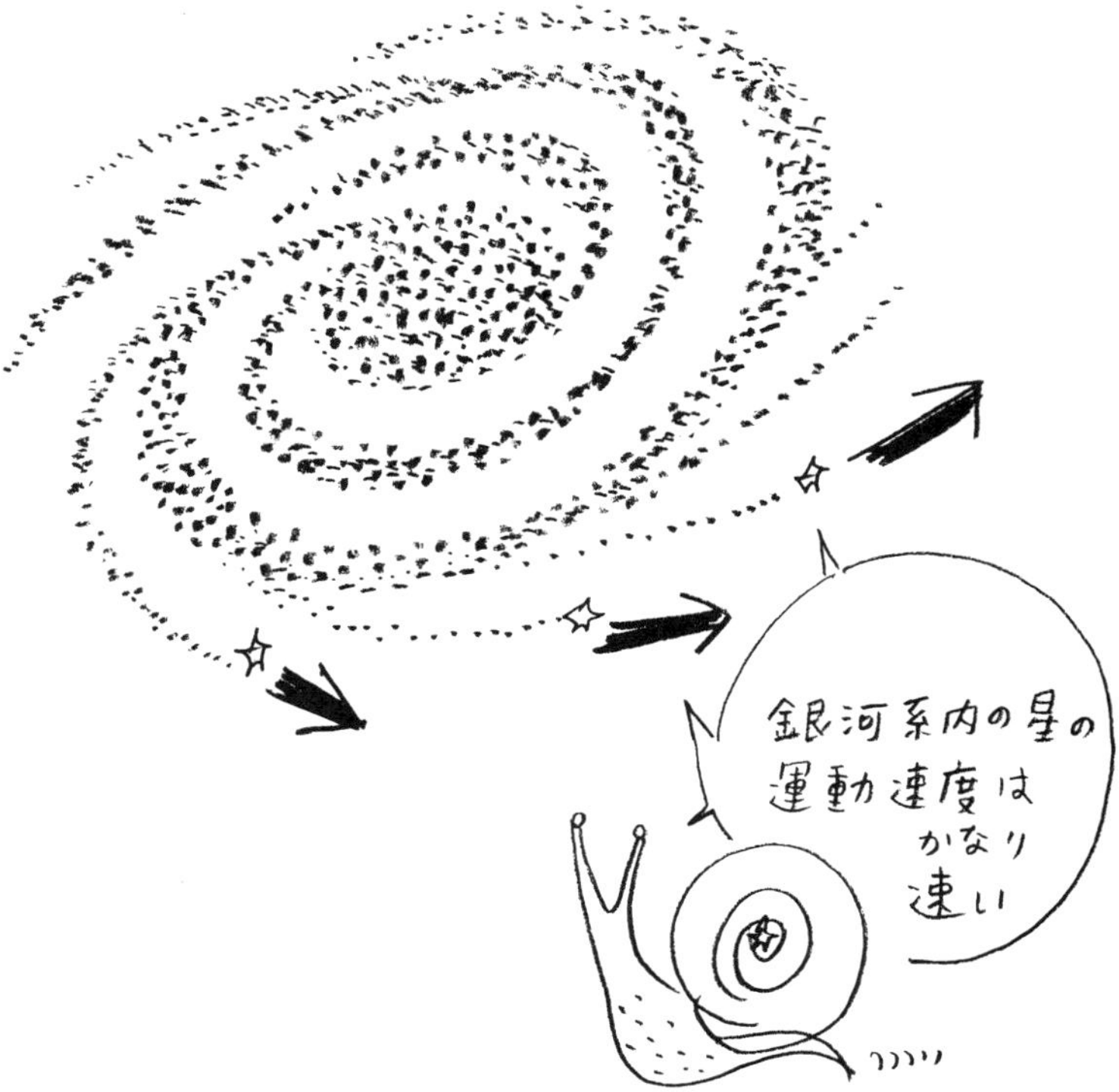

暗黒物質の正体を突き止められるでしょう。

宇宙の真の主役・暗黒エネルギー

でも宇宙の本当の主役は、暗黒物質でもありません。宇宙には暗黒物質をはるかにしのぐ量の、未知のエネルギーが充満しているのです。それが宇宙の組成の約六八パーセントを占めるという**暗黒エネルギー**です。

暗黒エネルギーという未知のエネルギーの存在は、遠方にある超新星を観測することで発見されました。超新星（超新星爆発）は、非常に重い星が寿命を迎えて、最後に大爆発することで、まるで新しい星が誕生したかのように見えるものです。超新星にはいくつか種類がありますが、その中で**Ⅰａ《いちエー》型超新星**というものは、爆発のピーク時の明るさが一定であるという特徴を持っています。超新星の輝きは銀河一つ分にも匹敵するほど明るいので、Ⅰａ型超新星は何十億光年もの宇宙の距離を測る物差しとして利用されます。見かけ上暗く見える超新星ほど、遠くにあるとわかるのです。

さて、一九九〇年代の中頃、アメリカの研究チームが遠方のⅠａ型超新星を数多く観測し、宇宙の膨張の様子を調べようとしました。その結果、驚くべきことがわかりました。

宇宙の膨張速度が、昔よりもどんどん速くなっているのです。

従来、宇宙の膨張速度は、少しずつ遅くなっていると思われていました。この場合、遠くのＩａ型超新星の見かけの明るさは、宇宙の膨張速度が昔から一定だったと想定した時に比べて、より明るく見えることが理論的に予想されます。ところが、観測結果はその逆でした。遠方のＩａ型超新星の見かけの明るさは、宇宙の膨張速度が一定だと考えた時よりも暗かったのです。ということは、宇宙の膨張速度がかつてよりも速くなっていることを意味します。

宇宙の膨張速度を加速するには、何らかのエネルギーが必要です。その正体は、重力とは逆の反発力を生み出す、未知のエネルギーだろうという仮説が提唱されました。それが暗黒エネルギーです。

先ほどお話しした暗黒物質も正体不明の物質ですが、暗黒エネルギーはさらに輪をかけて謎めいた存在です。なぜなら暗黒エネルギーは、宇宙全体に均一に存在していると思われるからです。何かが「ある」というのは、それが「ない」部分と比較することで初めてわかり、その正体を探ることができます。そこらじゅうすべてに「ある」ものは、はたしてあるのかないのかの区別もつけられませんし、正体を探る方法なんて簡単には思いつきませんよね。

現在、研究者たちは遠方のＩａ型超新星を数多く見つけて、その見かけの明るさのデータをとり、宇宙の膨張の速さがどう変化してきたのかを詳しく調べようとしています。それによって宇宙全体における暗黒エネルギーの量の変化を推定し、そこから暗黒エネルギーの正体を絞りこんでいこうと試みているのです。

そして暗黒エネルギーの正体がわかった時、それは悲願である「究極の理論」を手にする時だと、多くの科学者が考えています。相対性理論と量子論を統合し、宇宙に存在するあらゆる物質とエネルギーを説明できる、その究極の理論の鍵を握っているのが、暗黒エネルギーなのです。

一〇次元空間を漂う膜宇宙

さて、暗黒エネルギーと同じくらいに、いやもしかするとそれ以上に、ここ十数年ほどの宇宙論研究で注目を浴びているのが、**ブレーン宇宙論**（ブレーンワールドモデル）という革命的な宇宙モデルです。ブレーン宇宙論によると、私たちの宇宙は一〇の方向を持つ「一〇次元空間（時間の一次元を加えて「一一次元時空」とも）」の中を漂う薄い膜のような存在かもしれない、というのです。

私たちの知っている空間は、縦・横・高さの三つの方向を持つ三次元の空間です。でも素粒子物理学者たちは、空間の次元は三つよりもっと多いのではないか、と本気で考えています。なぜかというと、最新の理論では、物質の究極の基本要素は小さな「粒」つまり点状のものではなくて、超ミクロの「ひも」状の存在だと考えているからです。この理論は**超《ちょう》ひも理論**（超弦《ちょうげん》理論）と呼ばれています。超ひも理論によると、一つのひもがさまざまな「方向」に振動することで、現在知られている数十種類の素粒子に変化します。一本のバイオリンの弦が振動すると、さまざまな音色を奏でるようなものですね。そしてひもが数十種類の素粒子に変化するためには、一〇通りの振動の方向、つまり一〇次元の空間が必要になると理論的に考えられています。

でも、私たちには三つの次元しか認識できませんよね。その理由として「一〇の次元のうち、七つの次元が小さく縮んでいるからだ」という説があります。細い糸を遠くから見ると一本の線にしか見えないので、一次元の存在に見えますよね。でも近づいてよく見ると、糸には幅があることがわかります。幅の方向、つまり第二の次元は非常に小さいので、遠目にはわからなかったのです。これと似たような感じで、空間の七つの次元が小さく縮んでいるとすれば、私たちには認識できないことも説明できます。

その後、超ひも理論はさらなる発展を遂げます。**ブレーン**という存在がクローズアップされるようになったのです。ブレーンは「ひも」の先端にくっついている、薄い膜のようなものです。ちなみに脳を意味するブレイン（brain）とは関係なくて、膜を意味するメンブレーン（membrane）から名づけられました。

現時点では、ひもやブレーン、さらには三次元以上の高次元の空間といったものは、理論上の存在にすぎず、その存在や正しさがはっきりと証明されているわけではありません。ですが素粒子物理学者たちは、超ひも理論をかなり有力な理論だとみなしています。そして現在の超ひも理論では、ひもとともにブレーンも究極の基本要素として考えます。またブレーンは二次元の膜だけでなく、三次元の立体やもっと高次元の存在もあると考えられています。

ブレーン宇宙論が想像する無数の宇宙や永遠の宇宙

ここからがブレーン宇宙論の本題になります。先ほどお話ししたように、ブレーンはひもの先端にくっついた存在です。逆にいうと、ひもは両端が必ずブレーンにくっついていて離れられません。そしてひもはすべての素粒子の元となる基本要素ですから、私たちの身のまわりにあるものはみな、ブレーンから離れられないことになります。宇宙も素粒子

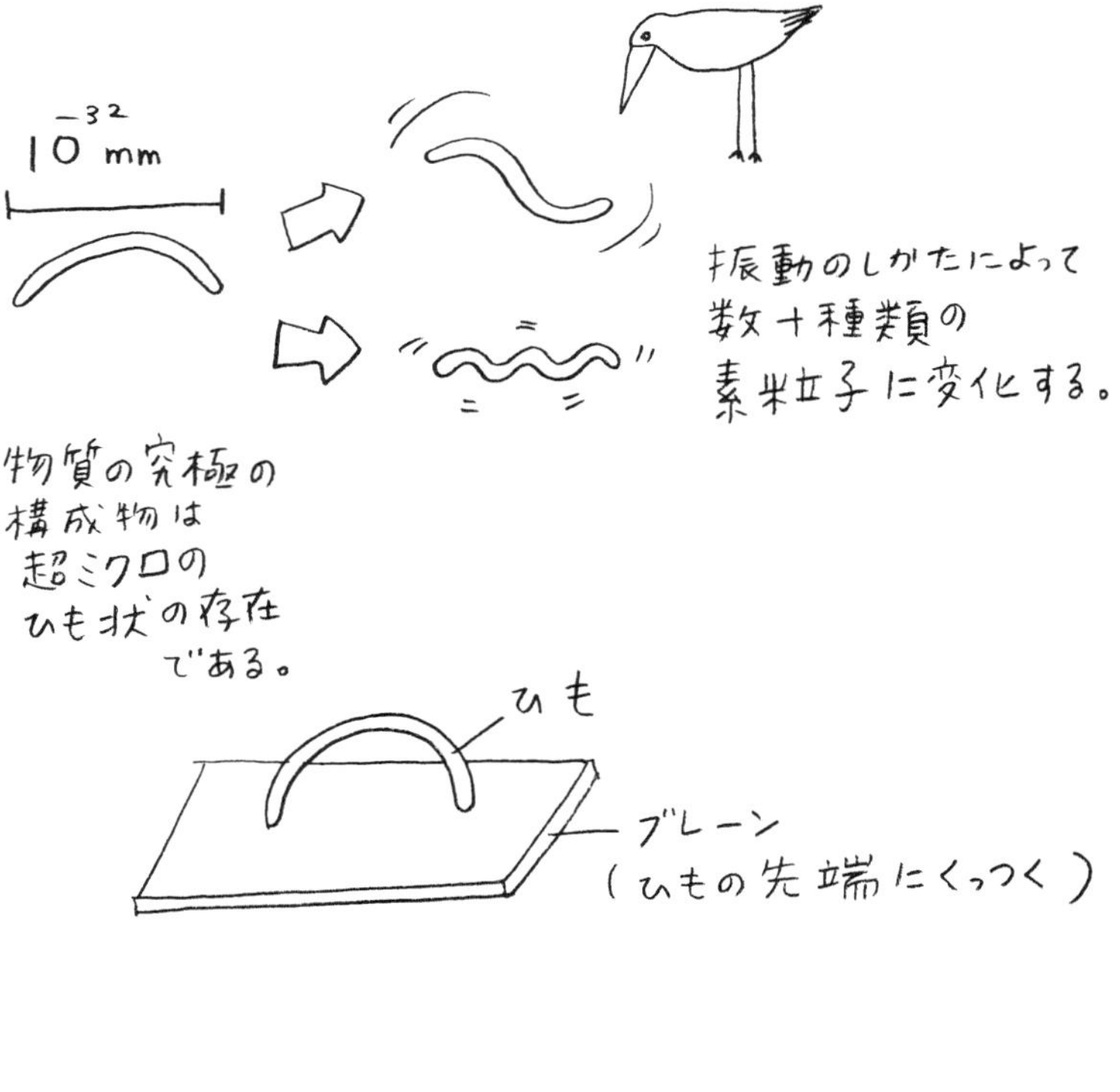
10^{-32} mm
振動のしかたによって
数十種類の
素粒子に変化する。
物質の究極の
構成物は
超ミクロの
ひも状の存在
である。
ひも
ブレーン
(ひもの先端にくっつく)

からできているのですから、やはりブレーンから離れられません。

ここから「私たちが空間の次元を三つまでしか知らないのは、私たちの宇宙が三次元のブレーンにくっついているためではないか」という、新たなアイデアが生まれました。宇宙は三次元のブレーンにくっついている、あるいは三次元ブレーンの内部に閉じこめられているというのです。

そして私たちの宇宙、つまり三次元ブレーンの「外側」には、一〇次元の空間が広がっています。この場合、先ほどの説明とは違って、残りの七つの次元は小さく縮まっている必要はありません。私たちは三次元のブレーン内に閉じこめられた存在なので、残りの次元に気づくことができないのです。そして一〇次元の空間を認識できる存在からすれば、三次元しかない私たちの宇宙は薄っぺらな膜のようなものに見えることでしょう。これが現代の宇宙論の最新仮説であるブレーン宇宙論です。

一〇の次元を持つ空間など、想像もできませんが、それを無理やり絵にしてみたのが、次ページの図です。紙をぐちゃぐちゃと握りつぶしたようなものが、私たちには想像できない一〇次元の空間であり、「カラビ・ヤオ空間」と呼ばれています。私たちの宇宙は、カラビ・ヤオ空間から伸びた「スロート（喉の意味）」という部分に接しているとされます。

そして、スロートを介して一〇次元空間に接しているのは、私たちの宇宙だけではあり

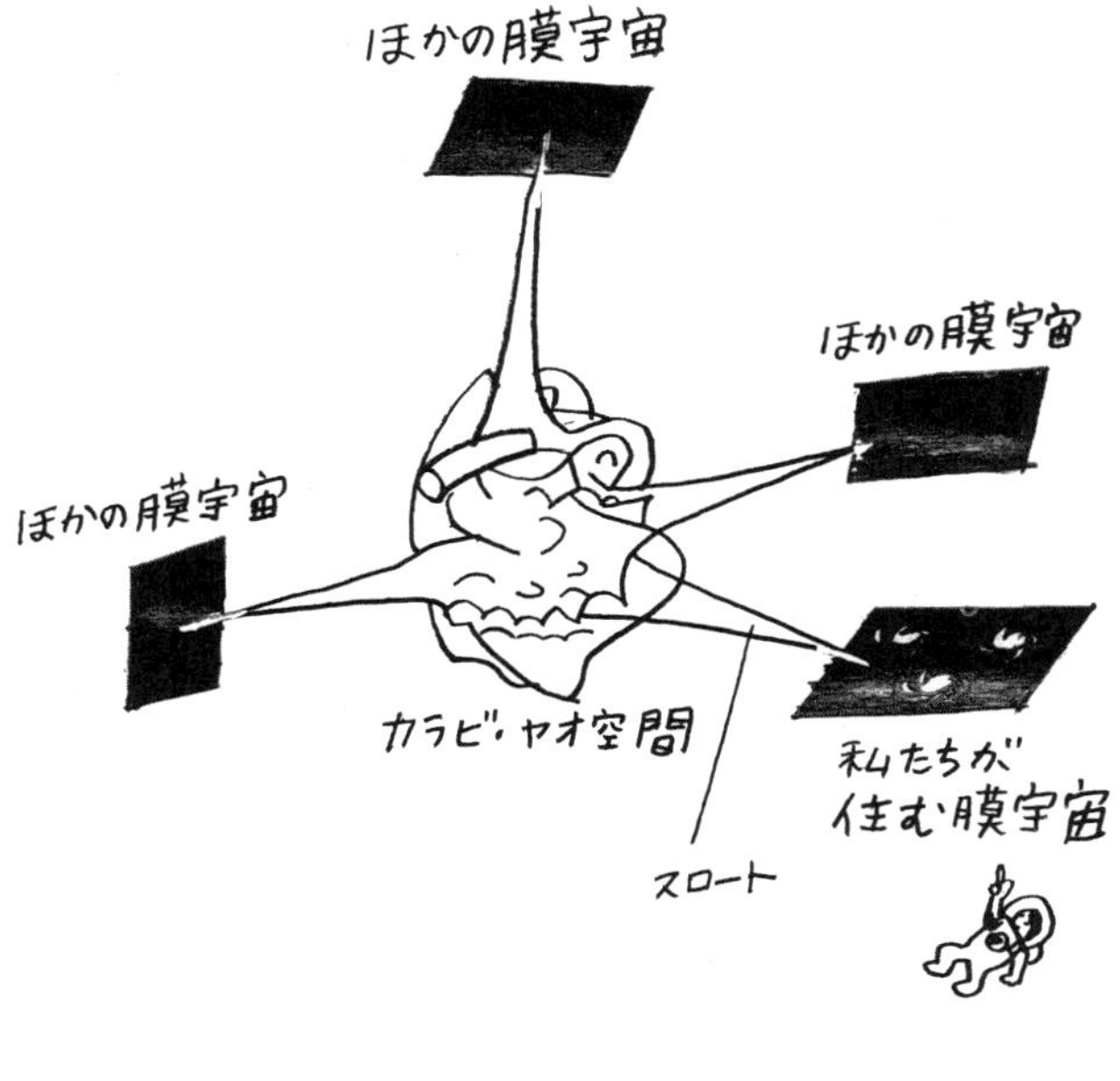
ほかの膜宇宙
ほかの膜宇宙
ほかの膜宇宙
カラビ・ヤオ空間
私たちが
住む膜宇宙
スロート

ません。ブレーン宇宙論では、一般に複数の「膜宇宙（ブレーン宇宙）」が存在しています。つまり、宇宙は私たちの宇宙以外にも、たくさん存在するのです。こうした宇宙像を**マルチバース**といいます。マルチバース（multiverse）は、ユニバース（universe、宇宙）という言葉の「uni（単一）」を「multi（複数、多数）」に置き換えた造語です。宇宙がたくさんある、無数にあるなどというのは、いかにもSF的な空想に思えるかもしれませんが、現代宇宙論の研究者の間では受け入れられている考えなのです。

ブレーン宇宙論の代表的な研究者であるアメリカの素粒子物理学者サスキンドによると、膜宇宙の数はなんと一〇の二〇〇乗個もあるといいます（限りなく多様な種類のあるカラビ・ヤオ空間の数と、それぞれに接している膜宇宙の数を掛けた値です）。一兆の一兆倍の一兆倍の……と、一兆を約一七回掛けたものという、気が遠くなる数の宇宙です。

さらに現在、ブレーン宇宙論を基にして宇宙の誕生やインフレーションなどを説明するモデルを作ろうという研究も盛んです。その一つが、アメリカのスタインハートとトゥロックが唱える「エキピロティック宇宙モデル」です。エキピロティックはギリシャ語の「大火」が語源です。彼らによると、私たちの膜宇宙と別の膜宇宙とは、衝突、跳ね返り、膨張、そして再び衝突というサイクルを繰り返しているといいます。膜宇宙同士の衝突がビッグバンなのです。この場合、ビッグバンは何度も繰り返されますので、宇宙には始まりも終わりもなく、永遠に循環することになります。また、膜宇宙と「反膜宇宙」がぶつかって両者が消滅し、その時に生じるエネルギーが別の膜宇宙に伝わってインフレーションをもたらすといった仮説もあります。

これらの仮説はどれも、まだ理論的に不完全なモデルですし、現在の主流である「始まり」のある宇宙像のほうが素直だろうとは思います。とはいえ、荒唐無稽にさえ思えるブレーン宇宙論が多くの研究者を魅了していることも、また確かなのです。

二十一世紀も変わらぬ「ひとと宇宙の関係」

改めて、人間の宇宙観の歴史を振り返ってみましょう。

古代の多くのひとびとにとって、宇宙は自分たちの生活や運命に直接的な影響を与える、小さくて身近な存在でした。中世になってキリスト教が普及すると、宇宙は神が住む理想の世界となり、地球は宇宙の中心にあると信じられるようになりました。

しかし、ルネサンスの時代に地動説が「復活」を遂げると、それ以降、ひとびとは科学の力を存分に使い、太陽系や銀河系、さらには銀河宇宙の姿を次々と明らかにしていきました。さらに二十世紀に入ると、宇宙は小さな火の玉の状態から一〇〇億年以上の時間をかけて膨張してきたんだという、宇宙の歴史までもが科学的に説明できるようになりました。

そして二十一世紀の今、暗黒物質や暗黒エネルギーが支配する宇宙、さらには一〇次元空間の中を漂う膜宇宙といった、新たな宇宙像が描かれようとしています。これから私たちは、いったいどんな宇宙像を手に入れ、宇宙のどんな深い真理を理解できるようになるのでしょうか。そう考えると、本当にわくわくしてきます。

でも、こんなふうに思う方もいらっしゃるかもしれませんね。

「無からの宇宙創造とか、ブレーン宇宙論とか、まるでSFを読んでいるようで、そういう意味では確かに面白いよ。でも、それって、私たちの毎日の生活にはあまり関係ないというか、はっきりいって何の役にも立たないんじゃない？　宇宙のことを考えるのは、ロマンチックではあるけれど、それ以上には思えないなあ」

そんな見方をされるのも、ある意味ではしかたないかもしれませんね。でも、私はあえて申し上げたいと思います。宇宙について想うことは、きっとあなたの役に立つのです。

確かに、明日のご飯を食べる上では、宇宙のことはあまり役に立たないでしょうね。でも、宇宙について知り、宇宙の中での自分の立ち位置を知ることは、あなたの人生をより楽しく、より豊かなものにしてくれるはずです。

たとえば、宇宙の一三八億年の歴史を知り、その果てに人間が、そして私が生まれてきたのだということを想えば、人間や自分という存在を客観視できると思います。過大視も過小視もしないで、冷静に客観的に自分を見つめること、その重要性は皆さんも十分ご承知のことでしょう。そしてそれが、これも一例ですが、地球環境問題など、私たちが直面するさまざまな困難に対処する上での大事な基盤になると思うのです。

それに、「それは役に立つの?」と問う時、その人は「役に立つかどうか」を判断する際の自分の基準や価値観を疑っていないのだと思います。でも人生において、それまで持っていた価値観がすべて崩れてしまう場面が、ないとはいいきれませんよね。ちょうど、第一夜でお話しした『夜来たる』のラガッシュのひとびとのように、あるいは失意のゴーギャンのように。そんな時、自分を取り巻く世界を見つめ、その中での自分の立ち位置を再確認することが、新たな価値観を築き、自分を取り戻すことを可能にしてくれるのだと思います。大げさに聞こえるかもしれませんが、宇宙について想うことは、そんなことにもきっとつながっていると思うのです。

そしてひとと宇宙の関係は、たとえ二十一世紀の現代であっても、じつは太古の昔とさほど変わっていないと私は思っています。宇宙を身近に感じた古代のひとびとも、宇宙が遠くなってしまったように思う現代の私たちも、宇宙については特別な関心、特別な感情を抱きます。つまり「宇宙に対する想い」は、知的生命体である人間のＤＮＡに刻みこまれたようなものだと思うのです。それは、人間が生きていく上で必要だからこそ、遺伝子として受け継がれてきたのではないでしょうか。

とはいえ、日中は毎日の仕事をこなし、スケジュールを消化するのに忙しくて、ほとんどの方は宇宙のことを考える時間なんてとれないですよね。それでいいのです。宇宙について想いを馳《は》せるなら、やはり夜に限りますから。

「ミネルヴァのフクロウは黄昏《たそがれ》どきに飛び立つ」という言葉があります。ミネルヴァはギリシャ神話に登場する知の女神であり、フクロウは知の象徴です。人間にとって大切な知とは、昼間の活動を終えた後の夕暮れ時に羽ばたくのですね。

今宵、あなたも宇宙について考えてみませんか。

特別夜

宇宙が生まれた音を聴く

～重力波のはなし～

世紀の大発見・重力波がついに見つかった！

二〇一六年二月一一日（日本時間一二日）、世界中の物理学者と天文学者を興奮させるビッグニュースが世界を駆けめぐりました。全米科学財団と国際研究チームが、アメリカの重力波望遠鏡LIGO《ライゴ》を使って、二つのブラックホールの合体によって生じた重力波の直接観測（検出）に成功したと発表したのです。

テレビや新聞、そしてインターネットなどで「重力波初観測」の知らせは大きく報じられましたので、覚えていらっしゃる方が多いことでしょう。これはまさに、世紀の大発見です。アインシュタインが予言した重力波の存在が、予言からぴったり一〇〇年後に実証されたことは、ドラマチック以外の何ものでもありません。また、この重力波はブラックホール同士の合体によって生まれたのですが、ブラックホールという奇妙な天体が実在していることを示す直接的な証拠が得られたのも、じつは今回が初めてであり、これもすばらしい快挙です。ごく近い将来のノーベル賞受賞は、間違いありません。

そして、私たち天文学者・宇宙物理学者にとって何よりうれしいのは、重力波を使って宇宙を調べる「重力波天文学」という新しい天文学の分野が誕生したことです。この新しい天文学は、二十一世紀の天文学の中核となることでしょう。

さらに、重力波天文学には究極の目標があります。それはずばり「宇宙誕生の様子を重力波で描き出すこと」です。宇宙誕生直後に生まれた重力波のことを「原始重力波」といいます。将来、この原始重力波を観測できれば、私たちはこの宇宙がどのように生まれたのかを解き明かせるようになると考えられています。

本書でお話ししてきたように、「宇宙はどのように生まれたのか」という謎は、はるか古代から人類が答えを追い求めてきたものであり、究極の問いの一つです。それに解答を出せる道のりが、重力波初観測・重力波天文学の誕生によって見えてきたのです。これがどれだけすばらしいことか、どれだけうれしいことか、本書を読まれた皆さんならおわかりいただけるでしょう。

この「特別夜」では、重力波とは何か、重力波をどのように観測するのか、初めて観測された重力波はどんなものか、などを紹介します。さらに、重力波天文学で何がわかるのか、そして重力波天文学の大きな目標である原始重力波の観測で宇宙の始まりをどのように解き明かすのか、についても説明します。

重力波の初観測ほど「眠れなくなる」という表現がぴったり来るものは、そうそうありません。どうか私たちの興奮ぶりを知っていただけたらと思います。

重力波は「重力の変化を伝える波」

重力波は、ひとことで言うと「重力の変化を伝える波」です。192ページで、重力とは「空間の曲がり」のことであると説明しました。したがって重力の変化とは「空間の曲がり具合の変化」のことでもあり、それが周囲に波として伝わっていくのが重力波です。重力波は光と同じ速さで伝わります。

より具体的なイメージで説明しましょう。これも190ページでお話ししましたが、物体があると周囲の空間が曲がることを、二次元のゴムシートの上にボールをのせた時の様子にたとえました。ボールをのせるとゴムシートがへこんで表面が曲がるのが、空間の曲がりに相当します。

ここで、ボールを上下に揺さぶると、ゴムシートの曲がり具合が変化して、それが波のように周囲に伝わります。水面に浮かべたボールを上下に動かすと、水面にさざ波が立って、周囲に広がっていきますよね。この波が重力波に相当します。

重力波の存在を予言したのは、アインシュタインです。彼は一九〇五年に、最初の相対性理論である特殊相対性理論を発表しました。そしてその一〇年後の一九一五年に、特殊

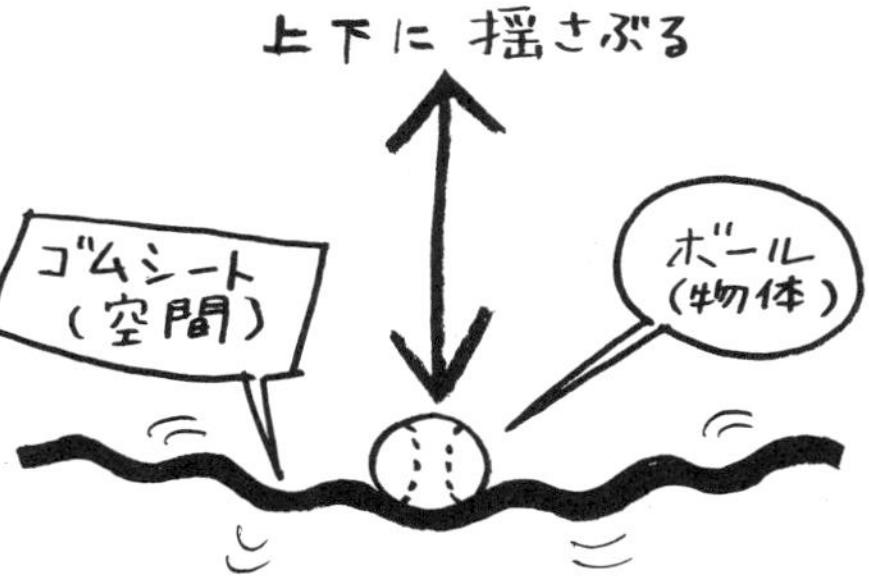

ゴムシートの表面(=空間)の波立ちが重力波に相当する。

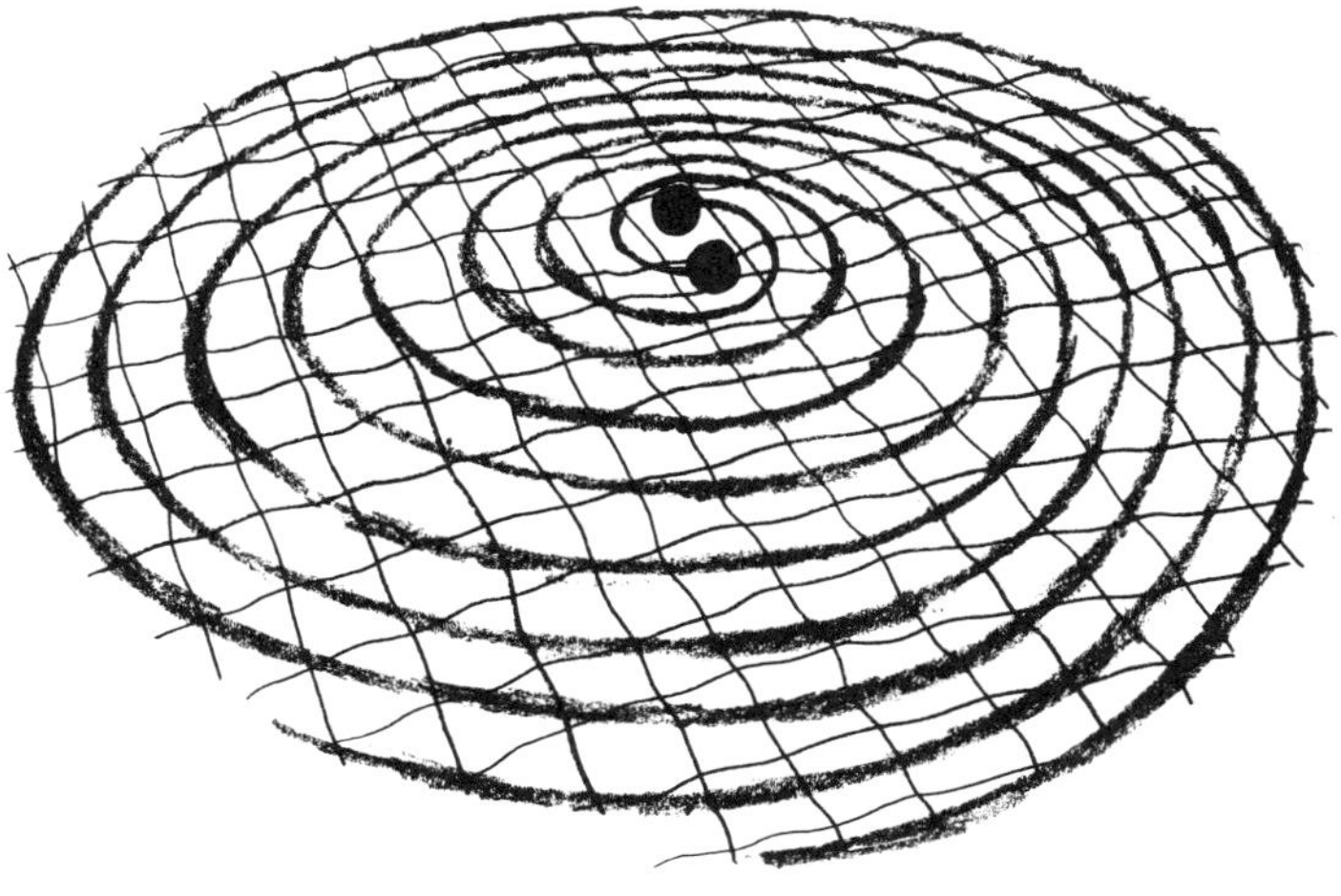

2つのブラックホールが合体しようと近づいていき
重力波が放出されるようす。

相対性理論を発展させた一般相対性理論を完成させます。重力とは空間の曲がりのことであるという真実を明らかにしたのは、後者の一般相対性理論のほうです。

そして一九一六年、つまり一般相対性理論を発表した翌年に、アインシュタインは一般相対性理論を基にして重力波の存在を予言します。重力の変化が光速で周囲に伝わることを予想したのです。

ですが、重力波は非常に弱い波です。重力波は物体が加速度運動（速度が変化したり、進む方向が変わったりするような運動）をする時に、放出されます。ですから、極端にいえば、私たちが腕をぐるぐると回しただけでも（円運動は進む方向が変化するので、加速度運動の一種です）、重力波は発生します。でも、腕を振り回して発生する重力波はあまりにも弱すぎて、とても観測できません。超新星爆発（53ページ）の際や、ブラックホールなどの強い重力を及ぼす星同士がぶつかって合体する時など、非常に激しい天文現象において発生する強力な重力波だけが、かろうじて観測できるレベルのものになります。

重力波が伝わってくると、空間がわずかに伸び縮みします。でも、その影響はごくわずかです。今回、ブラックホール同士の合体によって発生した重力波は、地球と太陽の間の距離を、水素原子一個分の大きさだけ伸び縮みさせました。地球と太陽の間はおよそ一億五〇〇〇万キロメートルですが、それが水素原子一個分＝およそ〇・〇〇〇〇〇〇一ミリメートル（髪の毛の太さの約一〇〇万分の一）だけ伸び縮みしたのです！　そんなわずかな変化をとらえないといけないわけですから、重力波の観測が困難を極めたことは想像いただけることでしょう。

重力波の存在は間接的には証明されていた

重力波を直接観測することは困難でしたが、重力波が確かに存在していることは、すでに疑いのないものとされていました。なぜなら、**中性子星連星**という天体から重力波が放出されていることが、理論的に証明されていたからです。

中性子星は、星のほとんどが中性子（208ページ）でできている天体です。質量が太陽と同じくらいなのに、半径は一〇キロメートル程度と、太陽の約七万分の一しかありません。重力の強さは、中心からの距離の二乗に反比例するので、中性子星の表面での重力は、太陽の表面での重力のざっと五〇億倍というおそろしい強さになっています。

中性子星は、太陽よりも質量の大きな星（およそ太陽の八倍以上）が、生涯の最後に大爆発を起こした際に、星の中心部が圧縮されてできます。つまり中性子星は燃え尽きた暗い星なので、その姿を望遠鏡で観測するのは困難です。

ところが、中性子星からパルス状の（周期的な）電磁波がやって来ることがあります。中性子星は強い磁場を持ち、また、高速で自転しているのですが、こうした場合には磁極（磁場の北極と南極）から強い電磁波がビーム状に発射されます。それが中性子星の自転によって、ちょうど灯台のように宇宙のあちこちを照らします（磁極を結ぶ軸と自転軸は一致しないことが多いので）。そこにたまたま地球があると、中性子星からパルス状の電磁波がやって来るように見えるのです。こうした中性子星を**パルサー**といいます。

1970年代に、アメリカの物理学者テイラーとハルスは、あるパルサーを観測していて、それが別の中性子星と**連星**になっていることに気づきました。連星とは、二つ以上の星がお互いの周囲を公転する星のことです。これが中性子星連星の発見でした。

テイラーとハルスは中性子星連星をさらに詳しく調べて、二つの星は秒速約二〇〇キロメートルという猛スピードで公転していることを突き止めました。中性子星のように重力の強い星が高速で公転運動をすると、重力波が放出されることが理論的に予想されます。重力波はエネルギーを持ち去るので、連星はエネルギーを失ってお互いに近づいていき、そのために公転周期がだんだん短くなると考えられました。二人が一般相対性理論に基づいて計算したところ、理論の通りに公転周期が短くなっていることがわかったのです。

テイラーとハルスは、重力波を直接観測したわけではありません。ですが、彼らの観測結果は、アインシュタインが予言した通りに重力波が放出されていることを示すものであり、重力波の存在を間接的に証明したものだといえます。この画期的な発見によって、二人は一九九三年にノーベル物理学賞を受賞しました。

重力波望遠鏡のしくみ

重力波を直接観測するための装置、それを**重力波望遠鏡**といいます。ただし重力波望遠鏡は、光（可視光）をとらえる光学望遠鏡や、宇宙からの電波を観測する電波望遠鏡（巨大なパラボラアンテナ）とはまったく違う形をしています。

重力波を初めて直接観測した重力波望遠鏡であるＬＩＧＯは、**レーザー干渉計**という装置を使って重力波を検出します。まず、一つの光源から出たレーザー光を二つに分けて、Ｌ字型につなげた全長四キロメートルの二本の腕（パイプ）の内部にそれぞれを通します。腕の内部は真空になっていて､その両端には大きな鏡が吊り下げられています。二つのレーザー光は鏡の間を何百回も往復した後で、再び一つに重ね合わされます。

先ほども話したように、重力波がやって来ると、空間がわずかに伸び縮みします。そのために、腕の両端にある鏡の間の距離も、重力波が通過する際にわずかに伸び縮みして、レーザー光の往復時間も長くなったり短くなったりします。そうしたレーザー光を重ね合わせると、光の干渉という現象が起きて、光の明るさに強弱の変化が生じたりします。これによって、重力波がやって来たことを知るのです。

重力波の到達によって伸び縮みする空間の長さは、すでに話したように、地球と太陽の間が水素原子一個分だけ伸び縮みするといった、わずかなものです。レーザー干渉計の腕が長いほど、空間のわずかな伸び縮みを計測できるので、LIGOは四キロメートルもの長さの腕を持っています。また、腕の内部に吊り下げられている鏡が少しでも振動すると、鏡の間の距離が変化してしまい、重力波の検出に邪魔なノイズとなります。人や車の通行による地面のわずかな振動、地震や強風、さらにはレーザー干渉計を構成する装置そのものの振動、これらがみなノイズを生み出します。重力波の観測は、こうしたノイズをいかに減らすか、そしてノイズかどうかをいかに見分けるかの戦いなのです。

LIGOは同じ仕様の二台の重力波望遠鏡からなります。一台はアメリカのメキシコ湾に近いルイジアナ州・リビングストンのジャングルの中に、もう一台は北太平洋近くのワシントン州・ハンフォードの砂漠の中に設置されています。二つの望遠鏡は直線距離で約三〇〇〇キロメートル離れています。

重力波望遠鏡が遠く離れた場所に二台あり、それらがほぼ同時に重力波らしき信号を

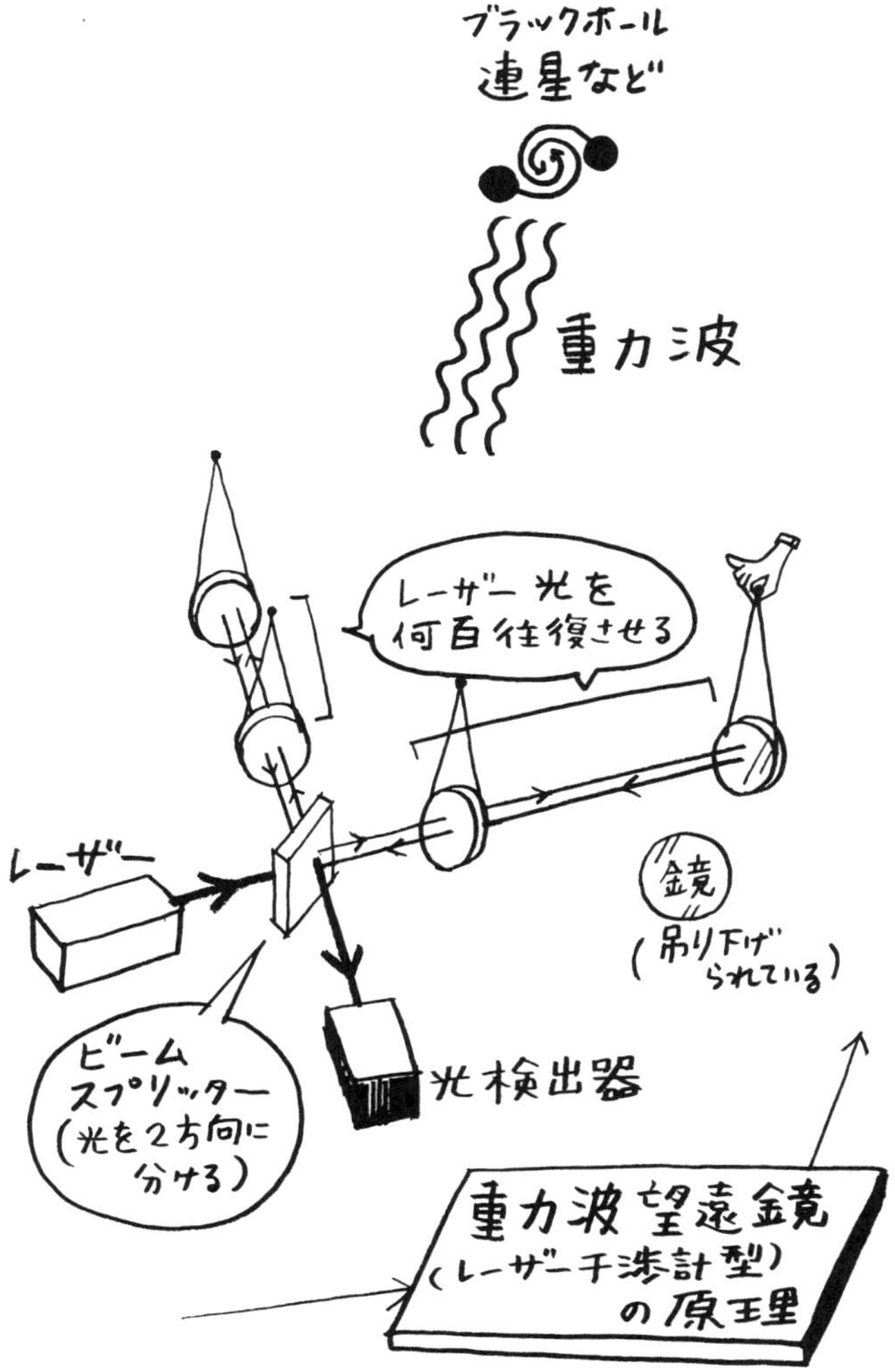
ブラックホール
連星など
重力波
レーザー光を
何百往復させる
鏡
(吊り下げ
られている)
レーザー
ビーム
スプリッター
(光を2方向に
分ける)
光検出器
重力波望遠鏡
(レーザー干渉計型)
の原理

キャッチすれば、それはノイズが原因となった偽物の信号ではなく、本物の重力波である可能性が高まります。また、二台の重力波望遠鏡が受信した信号のわずかな時間差から、重力波がやって来た方向を推定できます。ただし、二台だけだとおおまかな方向しかわかりません。今回の重力波も、南天のある方向から来た、ということしかわかりませんでした。重力波の発生源の位置を正確に知るためには、少なくとも三台の（より正確を期すのであれば四台以上の）重力波望遠鏡で観測する必要があります。

初めて観測された重力波「GW150914」の正体

初めて直接観測された重力波は、観測された日付である二〇一五年九月一四日から「GW150914」と名づけられています。GWは重力波（gravitational wave）を意味します。観測から約五か月間、重力波が本物なのか、どんな現象によって発生した重力波なのかが慎重に調べられて、二〇一六年二月に重力波初観測が発表されたのです。

GW150914は、連星になっている二つのブラックホールが合体したことで発生したものでした。これは、多くの研究者の予想を裏切りました。最初に観測される重力波は、テイラーとハルスが間接的に存在を証明した重力波のように、中性子星連星から発生したものだろうと思われていたからです。

ブラックホールは、太陽よりおよそ四〇倍以上重い星が超新星爆発を起こして作られると考えられています。中性子星よりもさらに重力が強いために、光さえも重力を振り切って外向きに進むことができず、あらゆるものを飲みこむ天体です。空間にぽっかりとあいた穴（ただし二次元的な穴ではなく、三次元の球状の「穴」）なので、ブラックホールと呼ばれます。

ブラックホールも一般相対性理論によって存在を予想された天体です。これまでにブラックホールの候補とされる天体はいくつも見つかっていますが、決定的な証拠はつかめていませんでした。また、ブラックホール同士が連星になったブラックホール連星の存在も理論的には予想されていましたが、観測面での裏付けはありませんでした。

ところが、GW150914の波形を詳しく調べた結果、この重力波が約一三億光年先にあるブラックホール連星の合体によって生じたことがわかりました。二つのブラックホールが公転しながら互いに近づいていく際に、重力波が少しずつ放出されます。中性子星連星が近づく際にも重力波が発生しますが、それよりも波の振動数が低い（ゆっくりと波打つ）のがブラックホール連星から生じる重力波の特徴とされていて、GW150914はそうした波形を示したのです。そしてブラックホール同士が合体する瞬間に、もっとも強い重力波が発生して、その後は急速に減衰します（中性子星連星の合体の場合には、合体後もしばらく重力波の放出が続きます）。

合体する前の二つのブラックホールは、それぞれ太陽の約二九倍と約三六倍の質量を持っていました。それが合体して、太陽の約六二倍の質量のブラックホールになりました。二九＋三六＝六五ですから、太陽約三個分の質量が消えたことになります。

特殊相対性理論の有名な方程式「$E=mc^2$」は、質量がエネルギーに変わること（すなわち、質量を持つ物質の内部には巨大なエネルギーが秘められていること）を示します。ブラックホール連星の合体によって失われた、太陽三個分の質量に相当する膨大なエネルギーは、重力波となって放出されました。このエネルギーは、単位時間当たりでは（瞬間的には）、観測的に知られている全宇宙の星が放つ光のエネルギーの総量の五〇倍にも相当します。これは桁外れのエネルギーであり、重力波はまさに宇宙全体を揺るがしたのです。

なお、二〇一六年六月には、ＬＩＧＯが二例目となる重力波を直接観測したと発表しました。一例目と同じく、ブラックホール連星の合体によって生まれた重力波でしたが、一例目よりは小さいブラックホール同士の合体（太陽の質量の一四倍と八倍のブラックホールが合体して、二一倍の質量のブラックホールが形成され、残りが重力波のエネルギーとして放出）でした。

重力波天文学が新たに創始された

重力波初観測の意義を、ここでまとめて説明しましょう。

まず何より、重力波を観測して重力波の存在を直接的に確認したこと、それだけで歴史的な意義があります。重力波はアインシュタインが一般相対性理論を基にしておこなった数々の予言の中で、最後まで実証できていないものでした。ですから「アインシュタインの最後の宿題が、一〇〇年かけてついに解かれた」として大きな話題になったのです。

次に、一般相対性理論が「強い重力場でも検証できるようになった」ことが挙げられます。一般相対性理論はこれまで、弱い重力場（重力がそれほど強くない状況）で正しく成り立つことは検証されてきました。ですが、ブラックホール連星の合体といった、非常に強い重力が働くケースでも正しいのかは、確認できていませんでした。それが今回、強い重力場でも一般相対性理論がきちんと成り立っていると示されたのです。

これまで、研究者の中には、暗黒エネルギー（248ページ）をうまく説明するために一般相対性理論を少し修正しようとか、一般相対性理論を変更すれば暗黒物質（245ページ）が存在しなくてもすむようになる、などと主張する人もいました。ですが今回の結果は、一般相対性理論はきわめて正しいものであって、そう簡単に変更できるものではないことを明確に示したのです。

三番目は、重力波で宇宙を観測する**重力波天文学**が新たに創始されたことです。重力波の大きな特徴として、他の物質に邪魔されずに何でも通り抜けることが挙げられます。たとえば、超新星爆発によってブラックホールができる際に、ブラックホールの周囲を高温のガスが取り囲みます。すると光（電磁波）がガスに吸収されてしまうので、その様子を光や電波で観測することはできません。しかし、ブラックホール誕生時に放出される重力波は、高温のガスを通り抜けて私たちの元に届きます。これまで、超新星爆発のメカニズムは大まかにはわかっていますが、星の中で実際に何が起きているのか、詳しいことは不明でした。それが、重力波の観測によって、私たちはブラックホールが誕生する現場を目の当たりにできるようになるのです。

日本の重力波望遠鏡ＫＡＧＲＡへの期待

先ほど、ＬＩＧＯはＧＷ１５０９１４がどこからやって来たのか、おおまかな方向しかつかめなかったという話をしました。現在、世界にはＬＩＧＯと同規模の重力波望遠鏡として、ヨーロッパのVIRGO《ヴァーゴ》と、試験稼働を始めたばかりである日本のKAGRA《かぐら》があります。LIGOの二台と合わせて、グローバルに展開された計四台の重力波望遠鏡が同時観測を行うことで、重力波がやって来る先を正確に知ることができます。日本のKAGRAは、岐阜県の旧神岡鉱山内の地下に建設されました。ここには、素粒子観測装置であるスーパーカミオカンデや、暗黒物質の正体を探る観測施設XMASS《エックスマス》などが立ち並んでいます。KAGRAのリーダーは、スーパーカミオカンデが発見したニュートリノ振動（素粒子の一つであるニュートリノに質量があることを証明するもの）によって二〇一五年にノーベル物理学賞を受賞した梶田隆章氏（東京大学宇宙線研究所所長）です。

KAGRAの腕の長さは三キロメートルです。地下深くに建設したのは、風や波、そして人間の活動による地面の振動が原因でノイズが発生することを極力抑えるためです。また、レーザー光を反射する鏡を絶対温度二〇Kという極低温に冷やすことで、鏡が熱によって振動することを防ぎます。

KAGRAは二〇一六年春に試験稼働をして、基本動作の確認を行いました。その後、最終調整作業などを進めて、二〇一七年度内に本格観測を始める予定になっています。KAGRAとLIGO、VIRGOの重力波国際観測ネットワークが稼働し、さらに重力波の発生源を光学望遠鏡やスーパーカミオカンデなどのニュートリノ観測施設でも観測することで、超新星爆発のメカニズムの解明など、大きな成果が期待されています。

宇宙誕生直後に生まれた原始重力波

重力波天文学における最大の課題は、宇宙誕生直後に生まれた**原始重力波**を観測することです。

ＫＡＧＲＡやＬＩＧＯなどが観測しようとしているのは、ブラックホール連星の合体など、強い重力を持つ天体が加速度運動することで生まれる重力波です。一方、原始重力波は個別の天体の運動によって生じるものではなく、かつて宇宙そのものが激しく振動することで発生した重力波です。

宇宙は誕生してすぐに、インフレーション膨張というすさまじい急膨張を遂げたというのが、228ページでも説明したインフレーション理論です。インフレーション膨張の際に、宇宙全体が激しく揺さぶられることで、原始重力波が生まれたと考えられています。重力波は何物にもさえぎられないので、原始重力波は今でも宇宙を伝わり続けています。

242ページで「宇宙の晴れ上がり」のことをお話ししました。宇宙が誕生して約三八万年後、宇宙の温度が三〇〇〇Ｋにまで下がると、光が宇宙の中を直進できるようになります。それ以前の宇宙では、光が直進できないので、光（電磁波）では宇宙誕生後三八万年よりも前の様子は観測できません。超新星爆発の際に、高温のガスに覆われて内部の状態がわからないのと同じです。でも、原始重力波を観測できれば、インフレーション膨張がどのようなものだったのかを知り、宇宙誕生直後の様子がわかるのです。

私やグースがインフレーション理論を唱えた後、さまざまな研究者がいろいろなタイプのインフレーション膨張のモデルを唱えました。現在ではざっと一〇〇くらいのモデルがあります。真空のエネルギー（230ページ）が高い状態から低い状態へ、どのような経路をたどって落ちてくるのかという違いで、さまざまなバージョンがあるのです。

これまでも宇宙背景放射（216ページ）の観測結果などから、インフレーション理論が「観測結果に矛盾しない」ことは確認されてきました。原始重力波が発見されれば、一歩進んで、インフレーション理論の正しさを証明する決定打になります。また、原始重力波を詳しく調べることで、インフレーション膨張の多くのモデルの中でどれが正しいのかを判断できます。さらに、インフレーション理論の根拠になっている力の統一理論（227ページ）についても有意義な情報が得られることでしょう。

ただし、原始重力波はインフレーション膨張によってものすごく長く引き伸ばされているために、ＫＡＧＲＡやＬＩＧＯでも観測できません。原始重力波を直接観測するには、重力波望遠鏡の腕の長さを非常に長くしなければいけませんが、地球が丸いために、地上で建設する重力波望遠鏡では、ＬＩＧＯなどの四キロメートルが限界です（ヨーロッパでは一辺一〇キロメートルの正三角形の腕を持つ「アインシュタイン望遠鏡」を地下深部に建設することを構想中）。

そこで将来的には、人工衛星を宇宙に打ち上げてレーザー光をやりとりする、超巨大なレーザー干渉計を作る計画を、アメリカとヨーロッパが共同で進めています（ＬＩＳＡ《リサ》計画）。日本でも同じように、宇宙空間に一〇〇〇キロメートルずつ離して浮かべた三台の衛星間でレーザー光をやりとりするＤＥＣＩＧＯ《デサイゴ》計画を構想中です。

原始重力波が残した「爪あと」を探す

近年、原始重力波が残した痕跡を宇宙背景放射の中に見つけようという観測計画を、世界中の研究チームが進めています。原始重力波を直接検出するのではなく、その影響を見つけることで、原始重力波を間接的に観測しようというものです。

二〇一四年三月、南極に建設されたＢＩＣＥＰ２《バイセップツー》望遠鏡が原始重力波の痕跡をとらえたと、アメリカの研究チームが発表して、大きな話題となりました。研究チームはＢＩＣＥ

Ｐ２を使って宇宙背景放射を観測し、そこにＢモード偏光という特殊な渦巻き模様を見つけました。これは原始重力波が宇宙背景放射に残した「爪あと」であり、その爪あとは、宇宙が生まれてすぐにインフレーション膨張をしたことの決定的な証拠だとされたのです。

しかし発表からまもなく、原始重力波の爪あとだとされたものは、じつは銀河系内のちりの影響によってできたノイズなのではないか、という疑問が投げかけられました。最終的に、ＢＩＣＥＰ２の成果は否定され、世紀の大発見は幻に終わりました。

ですが、これは原始重力波の存在が否定されたとか、インフレーション理論が間違っていたことを意味したりするわけではありません。日本の研究チームを始め、世界中の多くの研究者が、自分たちこそ本当に原始重力波を観測しようとしのぎを削っています。

その中でも有力なものは、日本の「ＬｉｔｅＢＩＲＤ《ライトバード》」計画です。人工衛星を打ち上げて、従来の一〇〇倍の感度で宇宙背景放射を観測して、Ｂモード偏光を見つけようというものです。もし早急に予算処置がされて、世界に先駆けてこの衛星を打ち上げることができれば、原始重力波の観測に日本が最初に成功できるでしょう。

＊＊＊

重力波をめぐる特別夜のお話、いかがだったでしょうか。

重力波は、音（音波）に似ているといわれます。音は空気などの振動が伝わってくるものであり、一方、重力波は空間そのものの振動が伝わってきます。また、ＬＩＧＯなどの重力波望遠鏡は数十から数千ヘルツ（一ヘルツは一秒に一回振動する波のこと）の振動数の重力波をとらえますが、これは音でいうとちょうど人間の耳で感知できる可聴域に相当します。

ですから、重力波は「真空の宇宙空間を伝わる音」であり、重力波望遠鏡は微弱な重力波を増幅してとらえる「巨大な補聴器」なのです。日本の重力波望遠鏡ＫＡＧＲＡは、KAmioka GRAvitational wave telescopeを省略したものですが、重力波を音になぞらえて、「天」からの音楽＝神様の（神様に捧げる）音楽という「神楽《かぐら》」にかけた名前になっています。

そして、宇宙誕生直後に生まれた原始重力波とは「宇宙が生まれた音」であり、「宇宙の産声」です。本書の「はじめに」でお話ししたように、古代インドで生まれたヒンドゥー教の言い伝えによれば、宇宙を創った神であるブラフマーが奏でる小太鼓の響きです。

私たちは、遅くとも今世紀中には、原始重力波の直接観測に成功して、宇宙が生まれた音を耳にすることでしょう。それはどんな音色なのか、その音色から宇宙創生の様子をどのように描き出せるのか――そんなことを思うと、やはり眠れなくなりそうですね。

参考文献

荒川紘『日本人の宇宙観 飛鳥から現代まで』紀伊國屋書店
荒川紘『東と西の宇宙観 西洋篇』紀伊國屋書店
池内了『宇宙論のすべて』新書館
中山茂『天の科学史』朝日新聞社
二間瀬敏史、中村士『宇宙像の変遷と科学』放送大学教育振興会
竹内均『宇宙は科学の宝庫』ニュートンプレス
チン・ズアン・トゥアン『宇宙の起源』佐藤勝彦監修 創元社
ジョシュア・ギルダー、アン-リー・ギルダー『ケプラー疑惑』山越幸江訳 地人書館
ジョン・ファレル『ビッグバンの父の真実』吉田三知世訳 日経BP社

増補改訂版

眠れなくなる宇宙のはなし

２０１６年10月１日　第１刷発行
２０２３年３月20日　第５刷発行

著　者　佐藤勝彦
発行人　蓮見清一
発行所　株式会社 宝島社
〒１０２−８３８８ 東京都千代田区一番町25番地
電話 営業０３−３２３４−４６２１
編集０３−３２３９−０９２８
https://tkj.jp
印刷・製本　サンケイ総合印刷株式会社

本書の無断転載・複製を禁じます。
乱丁、落丁本はお取り替えいたします。
©Katsuhiko Sato 2016　Printed in Japan
ISBN978-4-8002-5764-2

本書は２００８年７月に小社より刊行した『眠れなくなる宇宙のはなし』を加筆・修正し、「重力波」についての新章を加えたものです。